中等职业教育服装专业规划教材

服装结构设计实训教程

张秀春　主　编

田秋实　刘玉荣　主　审

王秀凤　滕晓岩　施秀萍　参　编

王书琴　陈秀梅　贺新华

中国轻工业出版社

图书在版编目（CIP）数据

服装结构设计实训教程 / 张秀春主编. —北京：中国轻
工业出版社，2015.10
中等职业教育服装专业规划教材
ISBN 978-7-5184-0590-9

Ⅰ. ① 服… Ⅱ. ① 张… Ⅲ. ① 服装结构 – 结构设计 –
中等专业学校 – 教材 Ⅳ. ① TS941.2

中国版本图书馆CIP数据核字（2015）第202584号

责任编辑：杨晓洁　　　责任终审：张乃東　　　封面设计：锋尚设计
版式设计：锋尚设计　　　责任校对：晋　洁　　　责任监印：张　可

出版发行：中国轻工业出版社（北京东长安街6号，邮编：100740）
印　　　刷：北京京都六环印刷厂
经　　　销：各地新华书店
版　　　次：2015年10月第1版第1次印刷
开　　　本：889×1194　1/16　印张：8
字　　　数：150千字
书　　　号：ISBN 978-7-5184-0590-9　定价：28.00元
邮购电话：010-65241695　传真：65128352
发行电话：010-85119835　85119793　传真：85113293
网　　　址：http://www.chlip.com.cn
Email：club@chlip.com.cn
如发现图书残缺请直接与我社邮购联系调换
131449J3X101ZBW

前言

随着生活水平的提高，服装的穿着要求也在提高，尤其服装功能的细分，使服装不仅从装饰性上表现美观，更要从结构上表现合理，体现出个性。服装结构设计是把款式图变成平面图的过程，它是服装设计的组成部分，既是款式设计的延伸和实现，又是工艺设计的依据和基础，在整个服装设计中，起承上启下的作用。服装结构设计作为专业骨干课程十分重要。本书在编写中力图体现以下特色。

1. 采用模块化结构，针对专业特点，由浅入深，实行各个模块的教学。

2. 加强实践教学的环节，充分体现"教学合一"的思想，以模块实例为主线，加强学生实践能力的培养，图文并茂，易于理解，变学生被动接受为主动实践学习。

3. 本书大量的实例来自实践，突出实践性，也可以增强学生的自主学习意识。

4. 本书的拓展模块少文字多画图，是一大特点，可以引导学生自主实践，开拓学生对服装结构板型设计的思路，加强学生对服装结构的进一步理解和认识。

本书的实例来源于生产厂家、服饰公司以及院校多年来的教学案例，因此实用价值较高。本书由大连轻工业学校张秀春主编，田秋实、刘玉荣主审，参与本书编写的还有王秀凤、滕晓岩、施秀萍、王书琴、陈秀梅、贺新华等。

由于水平有限，编写中难免有不当之处，望读者指正。

编者
2015年3月

目 录
contents

附　录

女时装纸样图解

绪论

一、课程的性质和任务

服装结构制图是中等职业院校服装设计专业的骨干课程之一，是一门研究人体表面形态与平面展开技术、探索服装结构分解与工艺构成规律的学科。在学科门类中，服装结构制图属于工科与艺术的边缘学科。学科框架涉及人体解剖、人体测量、服饰美学、服装造型、服装材料、服装工艺等知识领域。同时，服装结构制图又是一门实践性与技术性很强的课程，因而在教学中应当贯穿形象思维与逻辑思维有机统一的教学思想，坚持理论学习与实践并重的教学原则。

现代服装设计是一项复杂的系统工程，涉及的学科领域及研究内容很多，从宏观归类分析可以整合为款式设计、结构设计、工艺设计三大模块。其中，款式设计是指设计师运用美学法则，创造出具有审美价值并适合人体特征的"立体造型"；结构设计是通过分解"立体造型"，生成满足服装生产技术需求的"平面模板"，即工业样板；工艺设计是将依据工业样板裁制出的衣片，按照一定的工艺方式组合成新的"立体造型"，即将设计构思最终物化成服装。在这一系统工程中，结构设计起着承上启下的作用。服装结构制图是结构设计的表现形式，是实现设计意图的关键环节。由此可见，掌握服装结构制图的相关理论与操作技术，是服装设计人员综合能力中不可缺少的重要组成部分。服装结构制图的教学任务如下。

（1）使学生掌握立体形态的平面展开原理，理解服装制图中的相关计算法则。

（2）研究人体的结构特征和运动规律，理解服装形态与人体曲面的对应关系。

（3）掌握结构整体平衡及部件吻合关系、服装功能性与装饰性之间的辩证关系。

（4）通过形象思维和空间意识的训练，提高学生对空间问题的几何分析能力。

（5）通过理论教学和技能训练，使学生熟练掌握服装工业样板的制作技术。

二、课程研究对象与内容

服装结构制图是对感性形象做理性分析后形成的技术模板，是一种能够准确表达服装的款式造型、部件形态、成品规格、工艺特点等制作所必需的技术条件的图样，在服装设计过程中是表达和交流技术思想的一项重要工具。设计部门通过结构制图准确表达设计思想，技术部门通过结构制图传达设计所包含的技术要素，生产部门则根据结构制图所生成的工业样板来加工服装。因此，可以将服装结构制图比喻为服装系统工程中的"技术语言"。

随着计算机技术的普及与发展，利用计算机图形学原理研究开发出的服装CAD系统，使服装制图技术发生了根本性的变化。用计算机制图代替手工制图，大大提高了制图的质量与速度，适应现代化服装企业快速反应的要求。但是，从目前国内外各种版本的服装CAD性能来看，手工制图技术仍然是解决服装结构制图的根本技术，服装CAD系统只能起到工具的作用，不可能从根本上取代人的智力和手工技艺。由此可见，在未来很长一个时期内，对于服装结构制图理论与技术的研究，仍然是一项重要的科研课题。

服装结构制图需要利用几何学原理来图解人体的立体形态。课程的内容主要是研究人体立体平面分解技术与制图技法，根据服装工业的技术规定和相关标准绘制服装结构制图，在服装结构制图的基础上制作出服装工业样板，既包括系统理论，又有较强的实践性。其主要内容包括。

（1）通过对几何体平面展开原理的研究，发现服装制图中立体与平面的转换关系。

（2）通过对人体立体形态做几何体趋向的归纳，研究服装制图中相关计算的原理。

（3）通过对人体主要体块立体形态的归纳与分析，发现服装结构制图的构成规律。

（4）通过研究人体结构的特征与运动规律，把握服装机能性在制图中的技术表现。

（5）通过研究服装的立体形态与结构类型，掌握服装结构制图的计算机绘制技术。

三、课程的学习与实践

服装结构制图是一门理论性与实践性很强的课程，对于初学服装的学生而言，面对抽象的几何图形和复杂的计算公式，初始阶段感到茫然是难免的。尤其对于习惯了感性思维的艺术学科的学生来说，制图理论中所涉及的逻辑性和制图技法中所遵循的规范性，都是前所未遇的课题，但这并非说明制图课程是难以逾越的障碍。服装结构制图既然能够成为一种应用技术，自然有其规律可循，抓住了规律也就掌握了科学的学习方法。

首先，要从思想上认识服装结构制图课程的重要性。长期以来，由于学生对服装设计师职业身份的向往，人为地割裂了专业相关课程的内在联系，片面地夸大了艺术设计在服装设计领域中的作用和地位，造成了设计课程教学的盲目性和片面性。造成这种现象的主要原因是缺乏对设计内涵的深入研究，加上形象思维模式的惯性作用，使得学生对服装结构制图课程缺乏应有的重视与学习兴趣。这里需要指出的是，在服装教育的课程结构中，款式设计、结构设计、工艺设计三位一体，不可偏废。服装设计造型从审美角度来看，无疑是艺术形象的创造过程。而从设计理念到服装成品的物化过程分析，对于理性的技术实现手段的研究也必不可少。实践证明，感性的服装形象一旦脱离了理性的技术分析，必将走向唯美主义的空中楼阁式的处境。因此，任何割裂或片面夸张的观念及行为，都将造成学生综合设计能力的缺失。

其次，要建立形象思维与逻辑思维相贯通的思维方式。服装结构制图是对服装立体形态作理性分析的结果，包括制图中的每一条线和每一种形状，都是由立体形态中对应部位的平面转换所产生的。因此，要建立以图思物、以物思人的制图观念，将抽象的计算数据或几何形状同服装的实物形态相联系，将服装的立体形态与人体的结构特征相联系。制图中的计算公式及参数都是从人体形态的平面分解中获取的，这些公式与参数在实际工作中的意义是规定制图的尺度与形状，使平面制图与目标立体造型相吻合。但服装造型的本质是以"形"诉诸人的感官而不是"数"，因此，在制图中当"形"与"数"发生轻微抵触时，应得"形"而忘"数"，切不可"凑数"而"弃形"。

最后，要养成严肃认真的科学态度和一丝不苟的制图习惯。服装结构制图是服装工业样板的依据，在服装设计及生产过程中属于规范性的"技术语言"，既关系到服装设计的成败，也关系到服装品质的优劣，来不得半点夸张或疏忽。因此，在学习服装结构制图的过程中，应树立严格遵守制图标准的观念，养成精益求精、一丝不苟的工作作风。

四、服装结构制图与服装结构设计的关系

服装结构设计是指将款式造型设计的构思及形象思维形成的立体造型的服装转化为多片组合的平面结构图的工作，是研究服装结构的内涵及各部相互关系，兼备装饰与功能性的设计、分解与构成的规律和方法的服装专业理论。

从服装结构设计和服装结构制图两个名词的含义中可以看出，前者注重设计，强调创造性和开拓性，后者注重制作，强调动作性和工艺性。服装结构设计面对的是最新设计的款式和造型形象，这就要求结构设计者能够创造性地、科学合理地处理好服装造型和服装缝制工艺的关系，并将新造型、新款式、新风格服装的立体形象，在结构上全面、准确地表达和体现。

综上所述，服装结构设计与服装结构制图既相互联系，又各自有独立的工作内容。面对新款服装设计图稿，要绘出服装结构图，必须先进行结构设计，当结构效果成熟、稳定以后，再进行服装结构制图。服装结构设计是通过制图的形式表达的，结构设计是结构制图的延伸与升华，而结构制图是结构设计的基础。因此在课程设置方面，必须先学习服装结构制图，打好基础以后再进行服装结构设计的学习。

服装结构制图
基础知识

第一章　服装制图原理

一、服装制图的概念

服装制图在我国产生于20世纪末，是服装由"作坊式"手工生产向成衣化、规模化、现代化生产转型后形成的新概念。我国服装界最初称制图为"裁剪"，是直接在布料上面根据人体规格和款式特点画出相应的轮廓线，然后沿轮廓线剪切成大小不等、形状不同的衣片，这种方法行业内习惯称为"毛缝裁剪"。毛缝，即轮廓线内包含了缝份。"毛缝裁剪"在我国沿用了若干年，它适用于"量体裁衣"的作坊式生产，尤其是对于简单款式的裁剪非常简便。但是，随着服装成衣化、规模化生产模式的建立，这种毛缝裁剪已经不能适应服装设计与生产的需要，于是产生了一种可以反复使用且变化灵活的工业用技术模板，这种技术模板在行业内被称为服装工业样板。制作服装工业样板的基础图形是"净缝制图"。

所谓"净缝制图"是指衣片轮廓线内不包含缝份。这样做的目的是为了便于在衣片内进行进一步的结构处理，如分割、加省、打褶、移位等。当完成结构设计之后，再在衣片的轮廓线外加放缝份，使之成为纸样或生产用样板。"净缝制图"的特点是造型严谨，变化灵活，部件之间对位准确，服装的规格及形态能够比较直观地反映在制图上，是现代服装企业中普遍采用的制图方法。

无论是"毛缝裁剪"还是"净缝制图"，其基本的理论依据是几何学原理。主要的研究对象是人体平面展开技术以及服装与人体的对应关系。其核心内容是将设计所创造的立体造型准确无误地转化成平面图形。由此可见，服装结构制图是根据人体的立体形态，结合服装款式特点，运用几何学原理，将立体分解成平面的系统理论与操作技术。

二、服装制图的方法

服装结构制图是服装裁剪的首道工序，服装裁剪概括起来可分为立体裁剪和平面裁剪。平面裁剪在我国应用时间最长，可分为实量制图法、胸度法和比例分配制图法。而尤以比例分配制图法应用最广泛，近几年引入的原型法、基型法也是在此基础上发展起来的平面制图方法。

1. 比例分配制图法

比例分配制图法是采用以分子为基数的制图法，以主要围度尺寸按照比例关系，推导其他部位尺寸的制图方法。如六分法，即以胸围的1/6作为衡量各有关部位的基数，如胸宽为1/6胸围−1.5cm。至于五分法、十分法只是采用的基数不同而已。

2. 原型法

原型法是来源于日本的制图方法，所谓"原型"是以人体的净样数值为依据，加上固定的放松量，经比例分配法计算绘制而成的近似人体表面的平面展开图，然后以此为基础进行各种服装的款式变化。

3. 基型法

基型法是指在借鉴原型制图法的基础上进行适当修正充实后提炼而成的方法。

基型制图法和原型制图法都以平面展开图作为各种服装款式变化的基本图形，然后根据款式规格的要求在图上有关部位采用调整、增删、移位、补充等手段画出各种款式的服装平面结构图，这是两种方法的相同之处。它们的不同之处在于，原型制图法的基本图形主要是在人体净体尺寸的基础上加上固定的放松量为基数推算绘画得到的，而各围度的放松量待定；基型绘图法主要是由服装成品规格中的尺寸推算绘画得到的，各围度的放松量不必再加放。因此，同样在基本图形上出样，原型制图法必须考虑到各围度的松量和款式差异两个因素，而基型制图法只要考虑款式差异即可。

我们在选择制图方法时，要考虑习惯和制图方便。现代社会，服装逐步走向国际化，款式趋向时装化、个性化，结构设计的方法也不再单一化，更多体现的是制图方法的综合应用。

4. 立体裁剪法

立体裁剪法是服装结构的一种造型手法，是一种模拟人体穿着状态的裁剪方法，可以直接感知成衣的穿着形态、特征及松量等，是最简便、最直接的观察人体体型与服装构成关系的裁剪方法。其方法是选用与面料特性相接近的试样布，直接披挂在人体模型上进行裁剪与设计，故有"软雕塑"之称，具有艺术与技术的双重特性。在操作过程中，可以边设计、边裁剪、边改进，随时观察效果、随时纠正问题。这样就能解决平面裁剪中许多难以解决的造型问题。比如：在礼服的设计和时装制作中，出现不对称、多皱褶及不同面料组合的复杂造型，如果采用平面裁剪方法是难以实现的，而用立体裁剪就可以方便地塑造出。

5. 服装CAD制图

服装CAD制图是一项集计算机图形学、数据库、网络通信等计算机及其他领域知识于一体的高新技术。它利用人机交互手段充分发挥人和计算机两方面的优势，能够大大提高服装制图的质量和效率。服装CAD制图方式通常分为三种：一是通过数字化仪将手工制图按1∶1输入计算机进行修改；二是直接在计算机上利用直线与曲线进行制图和修改；三是根据输入的服装参数（如衣长、背长、袖长、肩宽、领围、胸围、腰围、臀围等）自动生成衣片，再根据款式要求进行修改得到所需的制图。目前服装CAD技术已经发展到智能化制图系统，极大地提高工作效率和制板质量，提高了服装CAD系统的灵活性。另外，随着人工智能研究的发展，模拟三维（3D）立体剪裁技术的衣片自动生成系统，也已进入研发阶段。由此可见，服装CAD技术在服装设计与产品研发领域有着无限广阔的发展前景。

手工制图与服装CAD制图是服装技术发展不同历史阶段的产物，在"量体裁衣"的年代手工制图曾经是一种不可替代的专业技术，并作为一种谋生的技艺而传承了若干年。随着服装工业化、现代化的进程，手工制图已经不能适应现代服装产业快速反应的需要。服装CAD制图以其精确、高效、灵活、可储存等优势，成为现代服装企业核心竞争力的重要标志之一，对提高企业的产品质量，增强市场竞争的能力起着不可估量的作用。但是，通过对企业服装CAD应用情况的调查发现，在制图、放码、排料三个基本模块中，唯有制图模块的使用率最低。其主要原因是操作人员缺少手工制图的经验，面对计算机屏幕上被缩小后的制图，难以做出准确的修正。由此可见，服装CAD仅是一种先进的制图工具，只有借助手工制图的原理和经验才能充分发挥其先进的性能。

三、服装制图的标准

服装结构制图中的制图比例、字体大小、尺寸标注、图纸布局、计量单位等必须符合统一的标准，才能使制图规范化。

1. 制图比例

服装结构制图比例是指制图时图形的尺寸与服装部件的实际大小的尺寸之比。服装结构制图中大部分采用的是缩比，即将服装部件的实际尺寸缩小若干倍后制作在图纸上。等比也采用的较多，等比是将服装部件的实际尺寸按原样大小制作在图纸上。有时为了强调说明服装的某些部位，也采用倍比的方法，即将服装零部件按实际大小放大若干倍后制作在图纸上，这种方法，一般仅限于某些零部件。在同一图纸上，应采用相同的比例，并将比例填写在标题栏内，如需采用不同的比例时，必须在每一零部件的左上角标明比例。

服装款式图的比例，不受以上规定限制。因为款式图只用以说明服装的外形及款式，不表示服装的尺寸。

2. 字体

图纸中的汉字、数字、字母等都必须做到字体端正、笔画清楚、排列整齐、间隔均匀。

3. 尺寸标注

服装结构制图的图样仅是用来反映服装衣片的外形轮廓和形状的。服装衣片的实际大小则是根据图样上所标注的尺寸确定的。因此，图样上的尺寸标注是很重要的，它关系到服装的裁片尺寸，服装成品的实际大小。服装结构制图的尺寸标注应按规定的要求进行，在标注尺寸时要做到准确、规范、完整、清晰。

如图1-1所示，服装各部位和零部件的实际大小以图上所标注的尺寸数值为准。图纸中（包括技术要求和其他说明）的尺寸，一律以厘米（cm）为单位。服装结构制图部位、部件的尺寸，一般只标注一次，并应标注在该结构最清晰的位置上。尺寸线用细实线绘制，其两端箭头应指到尺寸界线，尺寸数字一般应标在尺寸线的中间，如距离位置小，需用细实线引出，使之形成一个三角形，尺寸数字就标在三角形的附近。

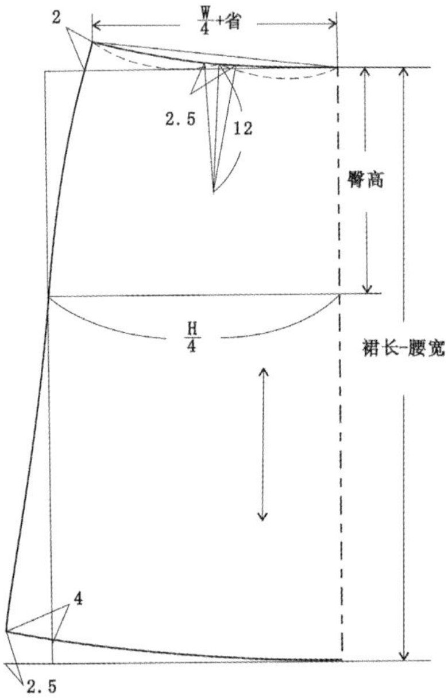

臀高

裙长-腰宽

$\frac{W}{4}$+省

2.5　12

$\frac{H}{4}$

▲ 图1-1　尺寸标注

【想一想】

服装制图的标准包括哪些内容。

【小知识】

服装结构制图常用计量单位，见表1-1。

表1-1　服装结构制图常用计量单位

计量单位	换算公式	计量对照
公制	换市制：厘米×3 换英制：厘米÷2.54	1米=3尺≈39.37英寸 1分米=3寸≈3.93英寸 1厘米=3分≈0.39英寸
市制	换公制：寸÷3 换英制：寸÷0.762	1尺≈3.33分米≈13.12英寸 1寸≈3.33厘米≈1.31英寸 1分≈3.33毫米

续表

计量单位	换算公式	计量对照
英制	换公制：英寸×2.54 换市制：英寸×0.762	1码≈91.44厘米≈27.43厘米 1英尺≈30.48厘米≈9.14寸 1英寸≈2.54厘米≈0.76寸

四、服装制图的术语及符号名称

服装结构制图中不同的线条有不同的表现形式，其表现形式称之为服装结构制图的图线。此外，还需用不同的符号在图中表达不同的含义。服装结构制图的图线与符号在制图中起规范图纸的作用。

1. 服装制图图线

服装结构制图图线形式、规定及用途，见表1-2。

表1-2　服装结构制图图线形式、规定及用途

序号	图线名称	图线形式	图线宽度	图线用途
1	粗实线	▬▬▬▬▬▬	0.9mm	1. 服装和零部件轮廓线 2. 部位轮廓线
2	细实线	──────	0.3mm	1. 图样结构的基本线 2. 尺寸线和尺寸界线 3. 引出线
3	虚线	------	0.3mm	叠面下层轮廓显示线
4	点划线	─·─·─	0.9mm	对折线（对称部位）
5	双点划线	─··─··─	0.3~0.9mm	折转线（不对称部位）

同一图纸中同类图线的宽度应一致。虚线、点划线及双点划线的线段长短和间隔应各自相同，其首尾两端应是线段而不是点。

2. 服装结构制图代号

服装结构制图中的某些部位、线条、点等，为使用便利和规范起见，使图面清晰明了，使用其英语单词的第一个字母为代号来代替相应的中文线条、部位及点的名称。实际上就是取该部位英文名称的首位字母。例如，胸围的代号为"B"，腰围的代号为"W"，各种长度的代号一般统一表示为"L"等。掌握服装的部位代号，对于读图和技术交流有着重要的作用；表1-3是常用的服装结构制图代号。

表1-3　常用服装结构制图代号

序号	部位（中文）	部位（英文）	代号	序号	部位（中文）	部位（英文）	代号
1	胸围	Bust girth	B	9	肘围线	Elbow line	EL
2	腰围	Waist girth	W	10	膝围线	Knee line	KL
3	臀围	Hip girth	H	11	胸高点	Bust point	BP
4	领围	Neck girth	N	12	颈肩点	Neck point	NP
5	胸围线	Bust line	BL	13	袖窿	Arm hole	AH
6	腰围线	Waist line	WL	14	袖长	Sleeve length	SL
7	臀围线	Hip line	HL	15	肩宽	Shoulder	S
8	领围线	Neck line	NL	16	长度	Length	L

3. 服装制图符号

服装结构制图中为了准确表达各种线条、部位、裁片的用途和作用，需借助各种符号，因此就需要对服装结构制图中各种符号作统一的规定，使之规范化。常用的符号见表1-4。

表1-4　常用服装制图符号

序号	符号名称	符号形式	符号含义
1	等分		表示该段距离平均等分
2	等长		表示两线段长度相等
3	等量		表示两个以上部位等量
4	省缝		表示该部位需缝去
5	裥位		表示该部位有规则折叠
6	皱褶		表示布料直接收拢成细褶
7	直角		表示两线互相垂直
8	连接		表示两部位在裁片中相连
9	经向		对应布料经向
10	倒顺		顺毛或图案的正立方向
11	阴裥		表示裥量在内的折裥
12	扑裥		表示裥量在外的折裥
13	平行		表示两直线或两弧线间距相等
14	斜料	X	对应布料斜向
15	间距		表示两点间距离，其中"X"表示该距离的具体数值和公式

4. 服装制图术语

服装结构制图术语的作用是统一服装结构制图中的裁片、零部件、线条、部位的名称，使各种名称规范化、标准化，以利于交流。服装结构制图术语的来源大致有以下几方面：

①约定俗成；②服装零部件的安放部位，如肩裥、左胸袋等；③零部件本身的形状，如蝴蝶结等；④零部件的作用，如吊裥、腰带等；⑤外来语的译音，

如育克、塔克、克夫（袖头）等。

　　常用服装结构制图术语如下。

　　（1）净样：服装实际规格，不包括缝份、贴边等。

　　（2）毛样：服装裁剪规格，包括缝份、贴边等。

　　（3）画顺：光滑圆顺地连接直线与弧线、弧线与弧线。

　　（4）劈势：直线的偏进，如上衣门里襟上端的偏进量。

　　（5）翘势：水平线的上翘（抬高），如裤子后翘，指后腰线在后裆缝处的抬高量。

　　（6）困势：直线的偏出，如裤子侧缝困势指后裤片在侧缝线上端处的偏出量。

　　（7）凹势：袖窿门、裤前后窿门凹进的程度。

　　（8）门襟：衣片的锁眼边。

　　（9）里襟：衣片的钉纽边。

　　（10）叠门：门襟和里襟相叠合的部分。

　　（11）挂面：上衣门里襟反面的贴边。

　　（12）过肩：也称复势、育克。一般常用在男女上衣肩部上的双层或单层布料。

　　（13）驳头：挂面第一粒纽扣上段向外翻出不包括领的部分。

　　（14）省：又称省缝，根据人体曲线形态所需缝合的部分。

　　（15）裥：根据人体曲线形态所需，有规则折叠或收拢的部分。

　　（16）克夫：又称袖头，缝接于衣袖下端，一般为长方形袖头。

　　（17）分割：根据人体曲线形态或款式要求在上衣片或裤片上增加的结构缝。

五、服装制图工具

　　（1）尺。尺是服装结构制图的必备工具，它是绘制直线、横线、斜线，弧线，角度以及测量人体与服装还有核对制图规格所必需的工具。服装制图所用的尺有以下几种：

　　● 直尺：是服装结构制图的基本工具，服装制图上借助于直尺完成直线条的绘画，有时也辅助完成弧线的绘画，见图1-2。

　　● 角尺或三角板：角尺也是服装结构制图的基本工具。它包括三角尺和角尺。主要应用于服装制图中垂直线的绘画。规格不同的三角尺分别为制作放大图和缩小图之用，见图1-3。

　　● 量角器：是一种用来测量角度的器具，在服装结构图中可用于量角器确定服装的某些部位，如肩斜的倾斜角度等，见图1-3。

　　● 软尺：一般为测体所用，但在服装结构制图中也有所应用，经常用于测量、复核各曲线、拼合部位的长度（如测量袖窿、袖山弧线长度等），以判定适宜的配合关系，见图1-4。

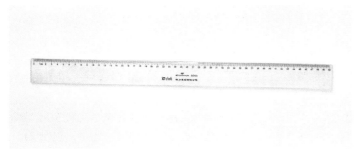

▲ 图1-2　直尺

▲ 图1-3　三角板、量角器

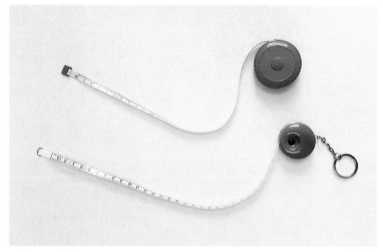

▲ 图1-4 软尺

▲ 图1-5 比例尺

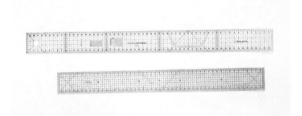

▲ 图1-6 放码尺

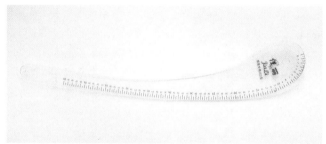

▲ 图1-7 弯刀尺

▲ 图1-8 曲线板

▲ 图1-9 绘图铅笔和橡皮

● 比例尺：一般用于按一定比例作图的工具，主要用于机械制图等专业的制图，服装制图也可选用相宜的比例使用，见图1-5。

● 放码尺：可当直尺用，给纸样放缝份、画平行线、推板画线时，使用特别方便，还可作厘米/英寸换算尺，见图1-6。

● 弯刀尺：用于画长度较长的弧线，如裙子、裤子侧缝、下裆弧线、袖山弧线等，见图1-7。

● 曲线板：一般曲线板为机械制图所用，现也用于服装结构制图，主要用于服装制图中的弧线、弧形部位的绘画。大规格曲线板用于绘制大图，小规格曲线板用于绘制缩小图，见图1-8。

（2）绘图铅笔。是直接用于绘制服装结构制图的工具，在结构制图中，基础线选用H或HB，结构线选用2B，在绘制缩小图时基础线选用H或HB，见图1-9。

（3）橡皮。用于修改图纸，见图1-9。

（4）描线轮。用于拷贝纸样和在面料上作印记，见图1—10。

（5）定位钻、木柄锥。用于拷贝纸样和在纸样上打孔，见图1—11。

（6）裁剪剪刀。用于剪切衣片或纸样的工具，型号有9英寸、10英寸、11英寸、12英寸等规格，见图1—12。

（7）画粉。用于在布上直接画样，见图1—13。

（8）绘图纸。常用的绘图纸有两种，一种是牛皮纸，用于制图和存档用样纸；另一种是卡纸，用以制作生产用样纸。

六、服装制图到工业样板的四个程序

服装设计与生产是一种立体形态的创造过程，要将平面的面料加工成立体的服装，首先要将款式的立体形态转化为平面制图，进而依据制图制作出工业样板。工业样板是服装工业生产中使用的模板，从排料、剪裁、缝制到熨烫、整形，工业样板始终起着严格的规范作用。服装制图是制作工业样板的蓝图，关系到服装生产的质量，因而成为服装生产企业的核心技术。由服装制图到工业样板的生成，通常要经过结构制图、基础纸样、标准纸样、系列纸样四个程序。

1. 绘制服装制图

在着手制图之前首先要分析服装的立体形态、结构类型、穿着方式、面料性能、工艺特点等，在充分把握服装款式特征的基础上，确定相应的结构形式。再根据国家服装号型标准或客户提供的服装规格，确定中间号型的相关数据。然后根据这些数据计算出相关控制点的精准位置。最后用直线或曲线连接各个控制点，绘制成符合款式造型特点及规格要求的平面制图。

2. 生成基础纸样

通常将前后衣片及部件绘制在同一幅图上面，各衣片及部件的轮廓线之间相互重叠，因而生成基础纸样的过程也就是将整体制图分解成局部样片的过程。手

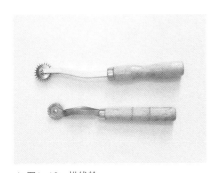

▲ 图1—10　描线轮

▲ 图1—11　木柄锥

▲ 图1—12　裁剪剪刀

▲ 图1—13　画粉

工制图分解纸样的方法可遵循以下步骤，在制图的下面衬一层样板纸，用重物压牢，避免在操作过程中因制图动造成的错位。用压线器分别将各个衣片压印在底层的样板纸上。然后，在衣片轮廓线的周边加放缝份或折量边，最后剪切成纸样。由于初始制图尚未经过实物缝合验证，难免存在某些误差，所以由此产生的纸样称为基础纸样。

3. 产生标准样板

为了检验基础纸样的准确性，需要用基础纸样在面料或坯布上面进行排料、裁剪并制出样衣。再将成形后的样衣套在人体模型上进行全面检查，检验内容首先要观察服装的整体造型是否与设计要求相符合。其次是测量相关部位是否与技术指标相一致。第三是检验构成服装各部位之间的配合关系是否符合要求。根据检验过程中发现的问题，对基础纸样进行修正。经修正后的基础纸样将作为制作系列样板的标准模板，也称为标准样板。

4. 制作系列样板

标准样板只提供了一种规格的服装模板，服装生产需要满足不同体型的消费群体的需求，所以必须根据目标消费群体的体型特征进行归类与分档，制定出产品的规格系列及号型配置，并根据规格系列制作出对应的系列样板。所谓系列样板是通过对标准样板进行相似性缩放，产生满足多种规格的服装模板。每个系列样板的数量因款式而不同，但每套样板一般应包括面板、里板、衬板、部件样板、裁剪用毛板和工艺净板等。

【想一想】

　　1. 熟记服装制图的各种图线与符号、代号及常用术语。

　　2. 服装制图的各种工具有何特点。

【练一练】

　　1. 练习服装制图的各种图线与符号。

　　2. 熟悉各种工具尺的特点与用途。

第二章 服装与人体

　　服装以人为基础并通过人的穿着和展示体现审美价值。人是服装设计紧紧围绕的核心。同样，服装制图以人体为依据并通过对人体立体形态的平面展开获得生产模板。服装制图的依据是人体，并且最终物化成的服装也要适应人体，因而可以说人体是服装制图紧紧围绕的核心。人们通常用"人的第二层皮肤"来形容服装与人体的密切关系，说明服装的造型始终是以人体形态为基础的。服装制图中的每一条结构线都与人体表面的起伏变化相对应，因此要掌握服装制图这门技术，除了要学习相关计算与绘图方法之外，还要把握人体的结构特征及运动规律，研究人体形态与服装造型之间的关系，善于发现服装形态与人体形态之间因流行或设计需要而产生的空间差异。因为服装与人体之间的空间差异直接关系到服装制图中的结构处理，关系到服装的造型与运动机能。

　　人体的外部形态主要是由骨骼、肌肉和关节组成。骨骼是人体的支架，决定人体的基本形态与比例。肌肉是附着在骨骼外层的柔软而富有弹性的纤维组织，具有收缩或伸展人体的功能。关节是人体各个体块之间的连接机关，人体的运动机能就是依靠关节的连接作用而实现的。我们从服装设计的角度来研究人体结构，主要是为了了解影响人体外部形态的人体构件。因为人体对于服装的作用，并不在于某一块骨骼或肌肉本身的形态，而在于某些骨骼或肌肉群共同构成的形态特征。

　　从服装制图的实际需要出发，我们将人体归纳成由体块和关节两部分组成。所谓体块是指本身具有一定的形状和体积，并且在人体运动过程中其形状和体积相对稳定的人体构件，主要包含头部、胸部、臀部和四肢。所谓关节是指各个体块之间的连接机关，不但具有自身的形状与体积，而且在人体运动过程中会因肌肉的伸缩而发生体积与形态的变化，主要有颈、腰、肘、膝、踝等，人体的体块决定服装制图的基本轮廓和规格数据，将各个体块的立体形态作平面展开，即是相应衣片的基本制图。例如，头部对应帽子、胸部对应上衣、臀部对应裤子、上臂对应袖子、下肢对应裤管等。关节除了影响制图形状之外还关系服装的功能。例如，领圈、腰节、袖窿、袖肘、袖口、膝围、脚口等位置的放松量大小，不仅关系到服装的造型，而且关系到服装的运动机能。

一、 人体外形与结构

　　服装因人体而产生，人体是服装造型的依据。人体结构的点、线、面是确定服装结构制图中的点、线、面的依据。

1. 人体比例
　　人体比例以头为单位。正常成年男性约为7个半头高，成年女性约为7个头高。不同年龄段的人的人体比例分别为1~2岁4个头高；5~6岁5个头高；14~15岁6个头高；16岁接近成年人；25岁到达成年人的身高，见图2-1。

2. 人体结构
　　（1）点，见图2-2、图2-3。
　　① 颈窝点，位于人体前中央颈、胸交界处。它是测量人体的胸长的起始点，也是服装领窝点定位的参考依据。
　　② 颈椎点，位于人体后中央颈、背交界处（即第七颈椎骨）。它是测量人体

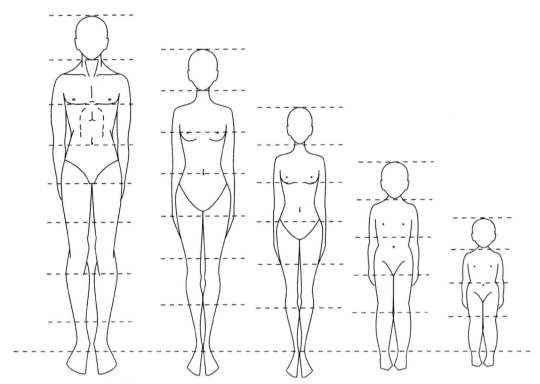

▲ 图2-1　不同年龄段人体比例

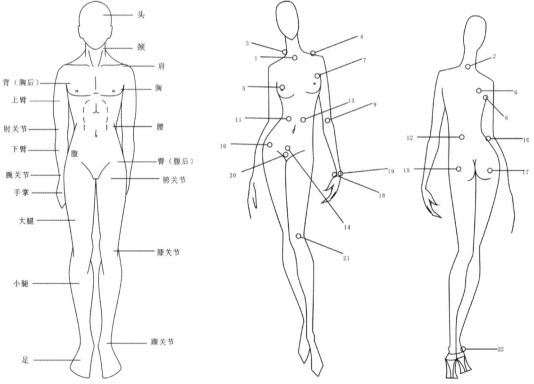

▲ 图2-2　人体结构各部位名称　　　▲ 图2-3　人体结构中的点

背长及上体长的起始点，也是测量服装后衣长的起始点及服装领椎点定位的参考依据。

③ 颈肩点，位于人体颈部侧中央与肩部中央的交界处。它是测量人体前、后腰节长的起始点，也是测量服装前衣长的起始点及服装领肩点定位的参考依据。

④ 肩端点，位于人体肩关节峰点处。它是测量人体总肩宽的基准点，也是测量臂长或服装袖长的起始点及服装袖肩点定位的参考依据。

⑤ 胸高点，位于人体胸部左右两边的最高处。它是确定女装胸省省尖方向的参考点。

⑥ 背高点，位于人体背部左右两边的最高处。它是确定女装后肩省省尖方向的参考点。

⑦ 前腋点，位于人体前身的臂与胸交界处。它是测量人体胸宽的基准点。

⑧ 后腋点，位于人体后身的臂与背的交界处。它是测量人体背宽的基准点。

⑨ 前肘点，位于人体上肢关节前端处。它是服装前袖弯线凹势的参考点。

⑩ 后肘点，位于人体上肢肘关节后端处。它是确定服装后袖弯线凸势及袖肘省省尖方向的参考点。

⑪ 前腰中点，位于人体前腰部正中央处。它是前左腰与前右腰的分界点。

⑫ 后腰中点，位于人体后腰部正中央处。它是后左腰与后右腰的分界点。

⑬ 腰侧点，位于人体侧腰部位正中央处。它是前腰与后腰的分界点，也是测量服装裤长或裙长的起始点。

⑭ 前臀中点，位于人体前臀正中央处。它是前左臀与前右臀的分界点。

⑮ 后臀中点，位于人体后臀正中央处。它是后左臀与后右臀的分界点。

⑯ 臀侧点，位于人体侧臀正中央处。它是前臀和后臀的分界点。

⑰ 臀高点，位于人体后臀左右两侧最高处。它是确定服装臀省省尖方向参考点（或区域）。

⑱ 前手腕点，位丁人体手腕部的前端处。它是测量服装袖口大的基准点。

⑲ 后手腕点，位于人体手腕部的后端处。它是测量人体臂长的终止点。

⑳ 会阴点，位于人体两腿交界处。它是测量人体下肢及腿长的起始点。

㉑ 膑骨点，位于人体膝盖关节的外端处。它是确定服装衣长的参考点。

㉒ 踝骨点，位于人体脚腕部外侧中央处。它是测量人体腿长的终止点，也是确定服装裤长的参考点。

（2）线，见图2-4。根据人体体表的起伏分界及人体对称性等基本特征，可对人体外表设置以下21条人体基准线。

① 颈围线，颈部围圆线，前经喉结下口2厘米处，后经颈椎点，它是测量人体颈围长度的基准线，也是服装领口定位的参考依据。

② 颈根围线，颈根底部围圆线，前经颈窝点，侧经颈肩点，后经颈椎点。它是测量人体颈根围长度的基准线，也是服装领圈线定位的参考依据，又是服装中衣身与衣领分界的参考依据。

③ 胸围线，前经胸高点的胸部水平围圆线。它是测量人体胸围长度的基准线，也是服装胸围线定位的参考依据。

④ 腰围线，腰部最细处的水平围圆线，前经前腰中点，侧经腰侧点，后经后腰中点。它是测量人体腰围长度的基准线及前、后腰节的终止线，也是服装腰围线定位的参考依据。

⑤ 臀围线，臀部最丰满处的水平围圆线，前经前臀中点，侧经臀侧点，后经后臀中点。它是测量人体臀围长度及臀长的基准线，也是服装臀围线定位的参考依据。

⑥ 中臀围线，腰至臀平分部位的水平围圆线。它是测量人体中臀围长度基

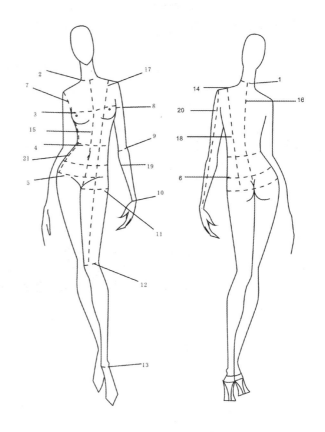

► 图2-4　人体结构中的线

准线。

⑦ 臂根围线，臂根底部的围圆线，前经前腋点，后经后腋点，上经肩端点。它是测量人体臂根围长度的基准线，也是服装中衣身与衣袖分界及服装袖窿线定位的参考依据。

⑧ 臂围线，腋点下上臂最丰满部位的水平围圆线。它是测量人体臂长围度的基准线，也是服装袖围线定位的参考依据。

⑨ 肘围线，经前、后肘点的上肢肘部水平围圆线。它是测量上臂长度的终止线，也是服装袖肘线定位的参考依据。

⑩ 手腕围线，经前、后手腕点的手腕部位水平围圆线。它是测量人体手腕围长度的基准线及臂长的终止线，也是服装长袖袖口线定位的参考依据。

⑪ 腿围线，会阴点下大腿最丰满的水平围圆线。它是测量人体腿围长度的基准线，也是服装横裆线定位的参考依据。

⑫ 膝围线，经膑骨点的下肢膝部水平围圆线。它是测量人腿长度的终止线，也是服装中裆线定位的参考依据。

⑬ 脚腕围线，经最细处的脚腕部水平围圆线。它是测量脚腕围长度的基准线及腿长的参考线，也是服装长裤脚口定位的参考依据。

⑭ 肩中线，由颈肩点至肩端点的肩部中央线。它是人体前、后肩的分界线，也是服装前、后衣身上部分界及服装肩缝线定位的参考依据。

⑮ 前中心线，由颈窝点经前腰中点，前臀中点至会阴点的前身对称。它是人体左后胸、前左后腰、左后腹的分界线，也是服装前左后衣身（或裤身）分界及服装前中线定位的参考依据。

⑯ 后中心线，由颈椎点经后腰中点，后臀中点顺直而下的后身对称线。它是人体左右背、后左右腰、后左右臀分界线，也是服装后左右衣身（或裤身）分界及服装背中线定位的参考依据。

⑰ 胸高纵线，通过胸高点，膑骨点的人体前纵向顺直线。它是服装结构中一条重要的参考线，也是服装前公主线定位的参考依据。

⑱ 背高纵线，通过背高点、臀高点的人体后纵向顺直线。它是服装结构中一条重要的参考线，也是服装后公主线定位的参考依据。

⑲ 前肘弯线，由前腋点经前肘点至前手腕点的手臂前纵向顺直线。它是服装前袖弯线定位的参考依据。

⑳ 后肘弯线，由后腋点经后肘点至手腕点的手臂后纵向顺直线。它是服装后袖弯线定位的参考依据。

㉑ 侧线，通过腰侧点、臀侧点、踝骨点的人体侧身中央线。它是人体胸、腰、臀及腿部前、后的分界线，也是服装前、后衣身（或裤身）分界及服装摆缝线（或侧缝）定位的参考依据。

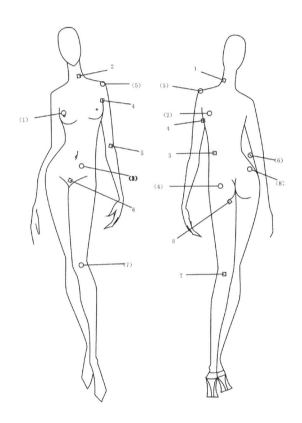

◀ 图2-5　人体结构中的面

（3）面，见图2-5。

球面：① 胸部；② 肩胛部；③ 腹部；④ 后臀部；⑤ 肩端部；⑥ 后肘部；⑦ 前膝部；⑧ 后臀部。

双曲面：① 颈根部；② 前肩部；③ 腰部；④ 臂根底部；⑤ 前肘部；⑥ 腿根底部；⑦ 后膝部；⑧ 臀沟部。

二、构成人体的体块

人体表面的起伏变化非常复杂，并且几乎所有的体块都是不规则体。为便于运用几何学原理来研究人体的形态特征，我们将人体的各个体块分别概括成相应的几何体。

1. 头部

头部是指下颌点至头顶点的体块。正面形态为倒置的卵形，侧面形态为双卵组合形。为了便于理解头部的空间形态，我们将其归纳成立方体。服装设计中所需要的头部尺寸主要有头长、头围以及头的矢径和横径等。

2. 胸部

胸部是指后颈点（第七颈椎点）至腰节线之间的体块。胸部的正面形态近似于上宽下窄的梯形，侧面形态由前、后两条不规则曲线构成。胸部正面、背面的形态及宽度分别决定制图中前胸、后背的形状与尺寸。胸部侧面的形状与宽度决定制图中腋面的形状与袖窿的宽度。胸部的正面以乳点为最高点，背面以肩胛骨凸点为最高点，分别作为前、后衣片上省位和省量的依据。胸围与腰围的差量是构成腰省总量的依据。胸部立体形态的平面展开图是上衣原型的依据。另外，胸部形态的变化直接关系到人的体型变化，如因胸部前倾或后仰而产生驼背体与挺胸体的区别，因胸部厚度的大小而产生浑圆体或扁平体的区别。所有这些变化都是服装制图中不可忽视的内容。

3. 臀部

臀部是指由耻骨联合位置至腰节线之间的体块。臀部的正面廓形上窄下宽，两侧由向外凸出的弧线构成。侧面廓形中前凸点位置高而凸出量小，后面因受臀大肌的影响，凸点位置低而凸出量大，并且因体型不同其凸量的大小也有差异。臀凸量的大小决定裤子后裆斜线的倾斜角度，臀部的厚度决定裤子前、后裆线之间的宽度，臀部腰节线至耻骨联合位置的垂直距离是设计裤子立裆数据的基本依据。臀部最丰满处的围度与腰围之间的差量是设计下装腰省总量的依据。臀部立体形态的平面展开图形是下装类制图的依据。

4. 上肢

上肢由上臂、前臂和手三部分组成。上臂与前臂可以看成是两个带有一定锥度的圆柱体，两个圆柱体之间由肘关节相连。人体在自然直立的状态下，上臂接近于垂直，前臂向前倾斜约12°。上肢立体形态的平面展开图形是袖子制图的依据，由于前臂的倾斜，在袖子制图中的肘线位置构成一定的省量。臂根部的围度关系到袖窿和袖肥的大小，前臂腕部的围度决定袖口大小。

5. 下肢

下肢分为大腿、小腿和足三部分，分别由膝关节和踝关节连接成一体。大腿肌肉丰满粗壮，小腿前部垂直，后部有外侧腓肠肌和内侧腓肠肌组成的"腿肚"。从侧面看，大腿略向前弓，小腿略向后弓，形成S形曲线状。下肢在服装设计中决定裤管的造型以及膝围和脚口的规格。

三、体块间的连接点

1. 颈部

颈部是头部与胸部的连接部位。颈部在直立时两侧对称，从侧面看上细下粗，向前倾斜约19°。颈部的活动区间前、后、左、右都是45°。颈根部的截面形状是设计领圈的依据。颈部锥度的大小决定领子的基本形状。颈部的结构与活动范围是领型设计的依据。

2. 腰部

腰部是胸部与臀部的连接部位。它的活动范围较大，通常情况下，前屈80°、后伸30°，左、右侧各35°，旋转45°。同时，腰部又具有自身的形状，这对于上衣腰线部位的设计以及下装中连腰、高腰式造型的设计是非常重要的依据。

3. 大转子

大转子是臀部与下肢的连接部位。它的最大活动范围是向前120°，向后10°，外展45°，内展30°。正常行走时，前后足距约为65cm，两膝间的围度是82~109cm。大步行走时，两足的间距约为73cm，两膝间的围度是90~112cm。大转子的结构与活动范围是裙子下摆围或裤子立裆设计的依据。

4. 膝关节

膝关节是大腿与小腿之间的连接部位。它的运动幅度是后屈135°，左、右旋转各45°，正常情况下小腿以后屈为主要运动方向。膝关节主要决定裤子的膝围线位置及裤管的放松量。

5. 肩关节

肩关节是胸部与上肢的连接部位。它的活动范围最大，前后活动区间为240°，左右区间为255°。肩关节的截面形状为椭圆形，是设计袖窿形状及袖孔形状的基本依据。在通常情况下手臂以向前运动为主，所以在设计袖窿与袖山时，要特别注意后袖窿与背部的放松量。

6. 肘关节

肘关节是上臂与前臂的连接部位。活动范围主要是向前屈臂150°。在双片袖结构中以肘关节为转折点形成袖管弯势，在单片袖结构中肘关节的凸点位置决定省的位置。

四、男女体型的差异

男女体型的差异主要是由骨骼、肌肉及表层组织所造成的。由于生理方面的原因，男性的骨骼粗壮而突出，女性则相反。男性的骨骼上身比较发达，而女性则下身骨骼发达。男性肩部宽阔，胸廓体积较大，女性则肩部窄小，胸廓体积较小。男性的肌肉发达，棱角分明，女性则因脂肪较多，外表圆润平滑。男性的体型特征为倒梯形，女性为正梯形。男性躯干侧面线条平直，女性则呈"S"形曲线。在局部特征方面，男性的胸部平整，女性则因乳房的隆起面起伏较大。男性颈部浑圆竖直，胸部前倾，女性则颈部前倾，胸部向后倾斜。男性的躯体挺拔有力，女性躯体则曲线流畅、柔媚多姿。

由于上述种种差异，使男女服装的造型也各有特色。从服装廓形来看，男装多为倒梯形，女装则多为正梯形或"X"形。男装的外观平整，起伏变化较小，女装则要通过省道与分割来塑造胸部及臀部的凹凸。男装的结构线多为直线，女装则以优美的曲线为主。在细节方面，男装领圈凹势较大，并且因胸部前倾而使后袖窿长度增大，女装则正好相反。男装的造型风格简洁庄重而女装的造型风格活泼多变。要善于发现和利用男女体型的这些差异，在制图中突出男女服装的造型，才能设计出个性鲜明的服装板型。

五、人体外形与服装结构的关系

人体外形与服装结构有着直接的关系。

1．颈部与衣领的关系

（1）男性颈部较粗，喉结位置偏低且外观明显。

（2）女性颈部较细，喉结位置偏高且平坦，不显露。

（3）老人颈部脂肪少，皮肤松弛。

（4）幼儿颈部细而短，喉结发育不完全，不见于外表。

人体颈部呈上细下粗不规则的圆台状，上部与头部相连，从侧面观察，颈部向前呈倾斜状，下端的截面近似桃形，颈长的1/3。所以上述的外形特征及其差异，反映在服装结构上，主要表现在以下几个方面。

（1）领的造型基本上是后领脚宽，前领脚窄，上衣前后领的弧线弯曲度一般是后平前弯。

（2）由于颈部上细下粗（颈围与颈根围度不同），因此衣领的规格是上领小、下领大（立领，装领脚衣领表现尤为显著）见图2-6。

▶图2-6　衣领的规格

2．肩部与服装结构的关系

男性——一般肩阔而平，肩头略前倾，整个肩膀俯看呈弓形状，肩部前中央表面呈双曲面状。

女性——一般较男性肩狭而斜，肩头前倾度 、肩膀弓形状及肩部前中央的双曲面状均较男性显著。

老年——一般 较青年肩薄而斜，肩头前倾度、肩膀弓形状及肩部双曲面状均较甚于青年。

幼儿——一般肩狭而薄，肩头前斜度，肩膀弓形状及肩部双曲面状均明显弱于成年人。

上述的外形特征及其差异反映在服装结构上，主要表现在以下几个方面。

（1）肩头的前倾使得一般上衣的前肩缝线略斜于后肩缝线。

（2）肩膀的弓形状使得上衣后肩缝略长于前肩缝线，前肩缝线外凸，后肩缝线内凹且后肩阔于前肩。

（3）肩部前中央的双曲面状决定了合体服装的前肩缝线区域必须适量拔开，后肩缝线区域必须适量归拢。

（4）女肩窄于男肩，使得相同条件下的女装肩宽小于男装肩宽。

（5）女肩斜于男肩，决定了在相同条件下，女装前、后肩缝线的平均斜度要大于男装。

（6）女肩头的前倾度大于男肩头，决定了女装前、后肩斜度差大于男装。

（7）女肩部前中央的双曲面状更为显著，决定了相同条件下，女装前、后肩缝线区域的归拔程度大于男装；此外，也决定了女装前肩省上段略带内弧形。

3．胸背部与服装结构的关系

男性——整个胸部呈球面状，背部有肩胛骨微微隆起，后腰节长大于前腰节长（简称腰节差）。

女性——由于乳峰的高高隆起，使得胸部呈圆锥面状，背部肩胛骨突起较男性显著，前后腰节差明显小于男性。

老年——一般胸部较青年平坦，肩胛骨的隆起更显著，另外，由于脊椎曲度的增大，使驼背体型较为常见。

　　幼儿——一般胸部的球面状程度与成年人相仿，但肩胛骨的隆起却明显弱于成年人，背部平直略带后倾成为幼儿体型的一个显著特征。

　　上述的外形特征及其差异，反映在服装结构上，主要表现在以下几个方面。

　　（1）胸部的球面状，也产生了上装的胸劈门，也使得上装中通过胸部的分割线边缘部位往往留有劈势。

　　（2）女性的乳峰形状特征决定了胸省、胸裥等女装结构的特有形式。

　　（3）腰节差的存在决定了男装的后腰节长总大于前腰节长；由于男女体腰节差的区别，又使得女装的腰节差不如男装那样显著。

　　（4）肩胛骨的隆起产生了上装的后肩省，背裥及通过该部周围的分割线边缘需留有劈势等一系列结构处理方法，也决定了后肩缝线后袖窿线上段处允许归拢。

　　（5）幼儿的背部平直且略有后倾，使得童装的后腰节长只要等于甚至小于前腰节长即可。

4．腰部与服装结构的关系

　　男性——腰节较长，腰凹陷明显，侧腰部呈双曲面状。

　　女性——腰节较短，腰部凹陷甚于男性侧腰部的双曲面状更为显著。

　　老年——腰部的凹陷程度及侧腰的双曲面状较青年人要明显减弱，甚至形成胸腰围同样大小。

　　幼儿——腹部呈球面状突起，致使腰节不显，凹陷模糊。

　　上述的外形特征及其差异，反映在服装结构上，主要表现在以下几个方面。

　　（1）腰节的男低女高，使得同样裤长的女裤直裆长于男裤直裆。

　　（2）腰部的明显凹陷产生曲腰身结构的服装；男女腰部凹陷的区别又决定了相同情况下，女装的吸腰量往往大于男装的吸腰量。

　　（3）侧腰的双曲面状决定了曲腰身服装的摆缝线腰节处必须拔开或拉伸。

　　（4）老年人和幼儿的胸腰围相近，使得他们的服装以直腰身结构较为多见，即使是曲腰身的，其胸腰差也是相当小的。

5．臀部、腹部与服装结构的关系

　　男性——臀窄且小于肩宽，后臀外凸较明显，呈一定的球面状，臀腰围较小腹部微凸。

　　女性臀宽且大于肩宽，后臀外凸更明显，呈一定的球面状，臀腰差值大于男性，腹部较男性浑圆。

　　老年——男性老年的后臀部外形基本与青年相仿；女性老年的后臀部则显得宽大浑圆，略有下垂，与青年相比，老年的臀腰差明显减小。

　　幼儿——臀窄且外凸不明显，臀腰差几乎不存在。

　　上述外形特征及差异反映在服装结构上，主要表现在以下几个方面。

　　（1）臀部的外凸使得西裤的后裆宽总大于前裆宽，后半臀大于前半臀见图2-7。

　　（2）臀部呈球面状决定了西裤后侧缝线上段处必须归拢，通过臀部的分割线部位必须留有劈势。此外，它也是西裤后臀收省的一个重要原因。

　　（3）臀腰差的存在是产生西裤前褶和后省的一个主要原因，见图2-8。

　　（4）女性臀部的丰满使得女裤后省往往大于男裤后省。

　　（5）幼儿不存在臀腰差使得幼童裤的腰部一般不收省打褶，而都以收橡筋或装背带为主。

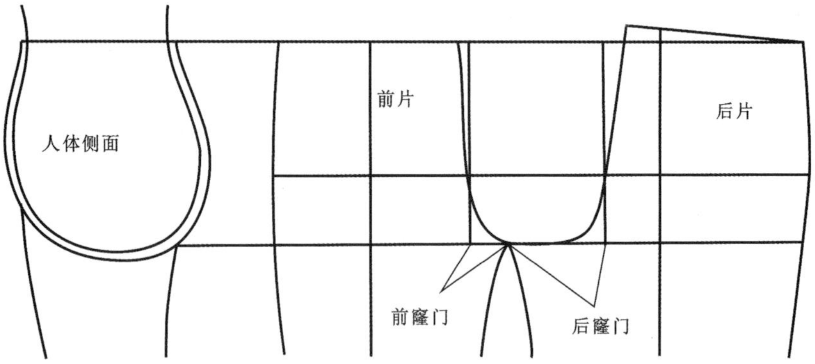

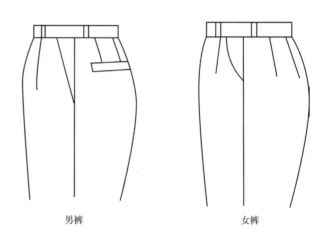

► 图2-7 臀部衣片结构图

人体侧面   前片   后片

前窿门   后窿门

男裤   女裤

► 图2-8 西裤的前褶和后省

6．上肢与服装结构的关系

上肢由上臂、下臂和手3个部分组成，上肢的肩关节、肘关节、腕关节使手臂能够旋转和屈伸。

（1）男性手臂较粗、较长，手掌较宽大。

（2）女性手臂较细，较男性短，手掌较男性窄小。

（3）老人手臂基本上与年轻时差别不大，但关节肌肉有些萎缩。

（4）幼儿手臂较短，手掌较小。

（5）手臂自然下垂，手臂自然向前弯曲。

上述外形特征及差异反映在服装结构上，主要表现在以下几个方面。

（1）袖片后袖弯线外凸，前袖弯线内凹，一片袖收肘省见图2-9。

（2）肩端部、肩胛骨的突起形成了袖山弧线前后不对称。

（3）手的大小决定袋口的宽窄。

（4）手的长短决定袋位的高低。

7．下肢与服装结构的关系

下肢是全身的支柱，由大腿、小腿和足组成。下肢有胯关节、膝关节、踝关节，使下肢能够蹲、坐和行走。

（1）男性膝部较窄凹凸明显，两大腿合并的内侧可见间隙。

（2）老年关节肌肉萎缩，下肢较青年时短。

（3）幼儿关节部分外表浑圆，起伏不明显。

（4）女性膝部较宽大，凹凸不明显，大腿脂肪发达，两大腿合并时内侧间隙不明显。

下肢的结构对裤子的形状产生直接影响。由于脚面骨的隆起和脚跟骨的直立

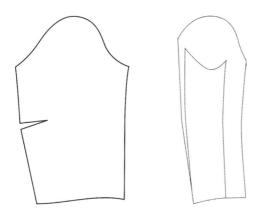

◀ 图2-9　一片袖收肘省

与倾斜，所以前裤脚口略上翘，后裤脚口略下垂。前后裤管的形状来于裤中裆、
裙长等下装长度的重要依据见图2-10。

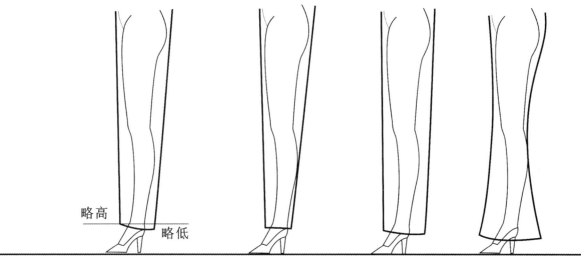

略高　　　　略低

▲ 图2-10　前后裤管形状对比

第三章　人体观察和测量

一、人体观察的目的

　　人体观察是指在测量之前对人体进行从整体到局部的目测，是人体测量的准备。由于生活环境和遗传的原因，每个人的体型特征都有所不同，为了制作出适合个体特征的服装，必须全面考察具体对象的体型特征。通过认真地观察与分析，在头脑中大体勾画出服装的轮廓线，确定相应的结构形式，对于需要作结构调整的部位，做到心中有数，以便有的放矢地进行人体测量和服装制图。

　　人体观察的过程是一个比较、分析、思考的过程。这一过程分为三个阶段：一是整体着眼分析人体的外形特征，确定属于正常体型还是特殊体型；二是详细观察与服装造型密切相关的局部特征，如挺胸、驼背、腆腹、丰臀、平肩、溜肩等；三是将观察到的各局部特征作比较，如通过对胸围、腰围、臀围三者之间的比较，预见服装的正面廓形及省量的大小，通过对上体长度与下体长度的比较，调整服装的长度比例，通过对前胸凸点位置与肩胛骨凸点位置的比较，确定前、后省尖的位置及省量大小，通过对前胸与后背宽度的比较，确定相应的放松量等。

二、人体观察的方法

　　观察人体时要考虑被测者的性别、年龄等因素，按照正面、背面、侧面的观察顺序进行人体观察。从正面的观察中鉴别出正常肩、平肩、溜肩、宽肩、窄肩、高低肩等，并将肩宽、胸宽、腰宽、臀宽用虚拟的线连接起来，在头脑中勾画出人体躯干部位的正面轮廓形状。从侧面的观察中鉴别出挺胸、驼背、腆腹、翘臀以及前后凸点位置、颈部的前倾程度等，并将前颈点、胸高点、腹凸点相联系，勾画出人体前侧面的曲线形状，将后颈点、后腰点、后臀凸点相联系，勾画出人体后侧面的曲线形状。从背面的观察中鉴别出腰线位置的高低，上体与下肢之间的比例。通过对人体作全方位的观察与分析，全面把握人体特征。

三、人体测量的目的

　　人体测量有两方面的目的。一方面根据产品定向或目标消费群体而进行的人体数据采集，即通过对某一地区、某一种族或某一群体进行人体测量调查，获取服装规格的统计数据。例如，我国服装号型标准的制定，就是通过广泛的人体测量获取了大量的人体有效数据，经过对这些数据作科学的归纳，从而产生适合我国国情的服装号型系列。二是为"量体裁衣"而进行的人体测量。由于现实中的人体与标准人体之间总是存在一定的差异，不能机械地套用现成的服装号型标准，尤其对于某些特殊体型，实际测量就更有必要。通过测量，直接获取人体各个部位的数据并对被测者的体型特征有所把握，在制图中有目的地进行结构调整，从而制作出适合特定人体需求的服装。

四、人体测量的方法

　　进行人体测量时，被测者一般取立姿或坐姿。立姿时，两腿并拢，两脚自然分成60°，全身自然伸直，双肩放松，双臂下垂自然贴于身体两侧。被测者取坐姿时，上身要自然伸直并与椅子垂直。小腿与地面垂直，上肢自然弯曲，双手平放在大腿之上。测量者位于被测者的左侧，按照先上装后下装、先长度后围度、最后测量局部的程序进行测量。人体测量一般分为高度测量、长度测量、宽度测量、围度测量和斜度测量五个方面。

1. 高度测量

高度测量是指由地面至被测点之间的垂直距离，如总体高、身高等。测量时注意使皮尺与人体之间离开一定的距离，并使皮尺与人体轴线相平行。不能按照人体曲线逐段测量，因为那样会使测量数据失去准确性。

2. 长度测量

长度测量是指两个被测点之间的距离，如衣长、袖长、腰节长、裤长、裙长等。测量时除了注意被测点定位要准确外，还要考虑服装的款式特点。

3. 宽度测量

宽度测量是指两个被测点之间的水平距离，如胸宽、背宽、肩宽等。

4. 围度测量

围度测量是指基于某一被测点的周长，如胸围、腰围、臀围、颈围等。测量时要注意使软尺水平绕体一周，不能倾斜，同时还要注意尺子的松紧度引起的变化。在测量胸围时，还要考虑呼吸差所引起的变化，要在自然呼吸的状态下进行测量。

5. 斜度测量

斜度测量是用专门的量角仪器测出人体肩部的斜度。例如，我国男性平均肩斜度为18°，其中后片肩斜线为10°，前片肩斜线为20°；女性平均肩斜度为20°，其中后片肩斜线为18°，前片肩斜线为22°。为了便于制图，通常将肩斜度换算成对角线的长度，即通过1/2肩宽和落肩量两个数值来确定肩斜线的角度。

五、人体测量的部位与方法

1. 测体工具（常用工具）

（1）软尺，测体的主要工具，要求质地柔韧，刻度清晰，稳定不涨缩。

（2）纸、笔，记录被测者的特殊体征的部位和尺寸规格。

（3）腰节带，围绕在腰节最细处，测量腰节所用的工具（可用软尺和布带或用绳代替）。

2. 测量部位

（1）身高，由头骨顶点量至脚跟见图3-1。

（2）衣长，前衣长由右颈肩点通过胸部最高点，向下量至衣服所需长度；后衣长由后领圈中点向下量至衣服所需长度见图3-2。

（3）胸围，腋下通过胸围丰满处，水平量一周，见图3-3。

（4）腰围，腰部最细处，水平围量一周，见图3-4。

（5）颈围，颈中最细处，围量一周，见图3-5。

（6）总肩宽，从后背左肩骨外端点，量至右肩骨外端点，见图3-6。

（7）袖长，肩骨外端向下量至所需长度，见图3-7。

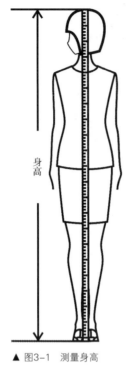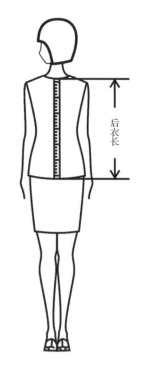

▲ 图3-1　测量身高　　　　▲ 图3-2　衣长量法

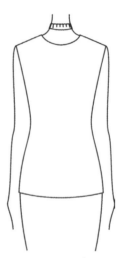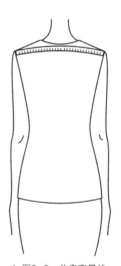

▲ 图3-3　胸围量法　　　　▲ 图3-4　腰围量法　　　　▲ 图3-5　颈围量法　　　　▲ 图3-6　总肩宽量法

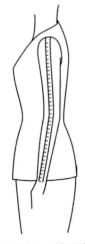

▲ 图3-7　袖长量法

（8）腰节长，前腰节长由右颈肩点通过胸部最高点量至腰部最细处；后腰节长由右颈肩点通过背部最高点量至腰部最细处，见图3-8。

（9）臀围，臀部最丰满处，水平量一周，见图3-9。

（10）裤长，由腰的侧部髋骨处向上3 cm起，男裤垂直量至外踝骨下3 cm或离地面3 cm左右或按需要长度；女裤略短于男裤，见图3-10。

（11）胸高，由右颈肩点量至乳峰点，见图3-11。

（12）乳距，两乳峰间的距离，见图3-12。

（13）臀高，由侧腰部髋骨处量至臀部最丰满处的距离，见图3-13。

（14）上裆长，人体端坐在凳子上，由腰的侧部髋骨处向上3 cm量至凳面的距离见图3-14。

（15）头围，从额头起，通过耳朵上部以及后脑部凸出部位围量一周，见图3-15。

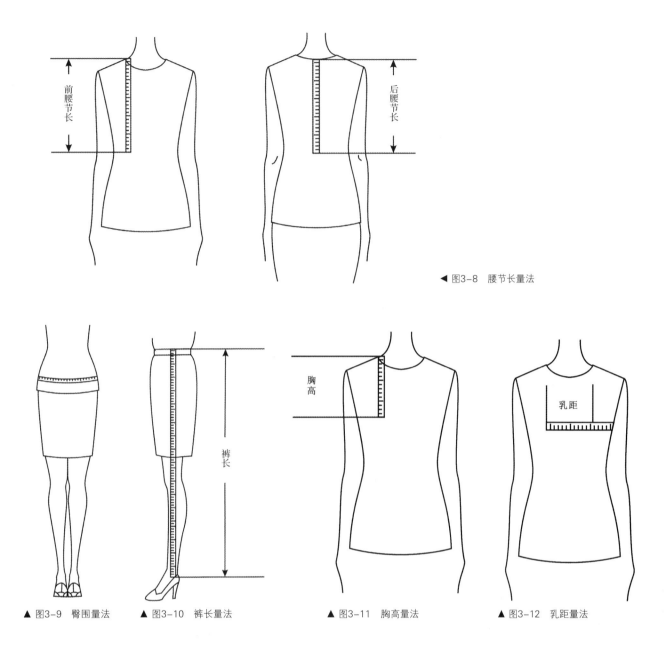

前腰节长

后腰节长

▲ 图3-8 腰节长量法

胸高

乳距

裤长

▲ 图3-9 臀围量法　　▲ 图3-10 裤长量法　　▲ 图3-11 胸高量法　　▲ 图3-12 乳距量法

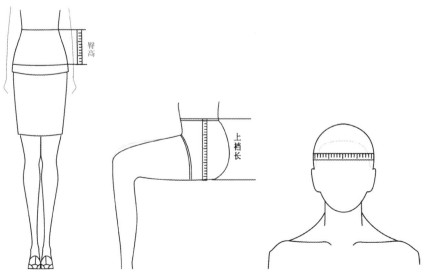

臀高

上裆长

▲ 图3-13 臀高量法　▲ 图3-14 上裆长量法　　▲ 图3-15 头围量法

3. 测体注意事项

（1）要求被测者姿态自然端正，双臂下垂，呼吸正常，不能低头，不能挺胸等，以免影响所量尺寸的准确程度。

（2）测量时软尺不宜过松，保持横平竖直，一般以垫一个手指为宜。

（3）测体时要站在被测者左侧，按顺序进行。一般从前到后，由左向右，自上而下按部位顺序进行，以免漏测或重复测量。

（4）测量跨季节服装时，根据不同款式、穿着者的习惯等要求，应注意对测量规格有所增减。

（5）做好每一测量部位的规格记录，注明必要的说明或简单画上服装式样，注明体型特征和要求等。

4. 对测量要点的说明

所谓测量要点是指常规的测量方法和步骤以外还需注意的各点，具体地说有以下几个方面。

（1）按穿着对象来说，对同一个穿着对象来说，其西服的袖长要比中山服短，因西服的穿着要求是袖口处要露出 1/2 衬衫袖头。

（2）按衣片结构特点，夹克衫的袖长要比一般款式长，因为一片袖的结构特点使外袖弯线没有多大弯势。

（3）按款式特点，装垫肩的衣袖比不装垫肩的衣袖长；又如袖口收细褶要比不收细褶的袖长要长，细褶量多的要比量少的袖长要长。

（4）按造型特点，紧身型与宽松型的放松量要有区别；又如曲线型比直线型的放松量要小些。

（5）按穿着层次，衣服面料厚的长度要长些。

（6）按流行倾向，如裙长的变化，宽松型服装的放松量增大，肩宽加宽等。

【想一想】

熟悉人体结构的点、线、面。

【练一练】

1. 概括地写出人体外形与服装结构的关系。
2. 人体测量的部位有哪些。

第四章 制图与服装规格

一、服装规格的概念与内容

服装规格是采用量化的形式来表述服装款式，适应穿着对象特征的重要技术内容，它由"人体基本数据"和"人体活动松量"两部分构成。前者称为静态因素，是设计服装基本规格的依据；后者称为动态因素，是设计服装放松量的依据。服装作为商品必须满足多数人的穿着需要，因而服装规格设计强调相对宽泛的人体覆盖率。为了使服装规格具有较强的通用性和兼容性，必须将具有共性特征的人体数据作为研究对象，并根据产品的对象及用途确定相应的规格系列。

我国目前所采用的服装规格是以国家服装号型标准为依据，针对目标消费群体（男装、女装、童装）、产品用途（正装、职业装、休闲装、特种服装）、款式造型（宽松型、合身型、内衣型）等特点，为特定的服装产品设计出相应的加工数据和成品规格。服装规格设计以人体规格为依据，但并不是人体数据的简单套用或机械放缩，必须将产品的造型特点和当下的流行趋势有机融合，才能够设计出科学、合理的服装规格系列。

二、服装的放松量与内空间

服装的放松量与内空间是服装圆周与人体圆周之间的一种相对关系。为了明确表述这种关系，我们将服装的周长大于人体周长的量定义为"放松量"，将两圆周之间的半径差定义为"间隙"，将因间隙而构成的服装与人体之间的空间量定义为服装的"内空间"。服装作为人体的"外包装"，既要与人体形态相适应，又要与人体表面保持一定的间隙量。因而服装的放松量与内空间的设计，不仅关系到服装的造型，同时也关系到服装的运动机能。

服装制图中围度计算方面通常有两种设计参数：一是实测人体所获得的数据，称为"净规格"，如净胸围、净腰围、净臀围等；二是指在"净规格"的基础上，根据服装款式的造型特点，按照人体表面与服装之间间隙量的大小，计算出服装成形后的成品规格。"成品规格"与"净规格"之间的差数，即是"放松量"。

假如内圆表示人体净胸围，外圆表示成品胸围。内圆半径表示人体净胸围半径，外圆半径表示成品胸围半径。人体净胸围与成品胸围之间的半径差即"间隙"。根据圆周定律得出：间隙=成品胸围半径-人体净胸围半径。利用这一公式，可以求出不同放松量下成品圆周与人体圆周之间的间隙量。同样也可以根据预定的间隙量求出成品的放松量。

服装间隙量的计算。设人体净胸围84cm，放松量10cm，所形成的间隙为：人体净胸围半径=84cm/2 л=84cm/6.28=13.4cm，成品胸围半径=（84+10）cm/2 л=94cm/6.28=15cm，间隙=成品胸围半径-人体净胸围半径=15cm-13.4cm=1.6cm。

根据放松量计算公式，可以比较容易推算出各类服装的间隙和放松量。例如，2cm的间隙所形成的放松量为12cm。3cm的间隙所形成的放松量为18cm，以此类推。

决定服装间隙大小的主要因素有三种：一是由内衣的层数和厚度所决定，夏季服装间隙小，冬季服装间隙大；二是适应服装款式造型的需要，如合体型服装间隙小，休闲服装间隙大；三是受流行因素或穿着习惯的影响，如正装服装间隙小，休闲服装间隙大等。因间隙不同所形成的服装放松量也各不相同，在进行服装规格设计时，要根据具体情况区别对待。

　　间隙不仅影响服装的放松量，而且还关系到服装的设计风格。当各部位间隙量呈平均分布时，所形成的服装廓形属于模拟人体自然形的设计。当各部位间隙量不平均分布时，所形成的服装廓形属于超越人体自然形的设计。例如增加腰部的间隙可以形成直身式廓形，增加胸围的间隙可以形成倒梯形廓形，增加臀部及下摆围的间隙可以形成"A"廓形等。利用间隙大小来计算服装放松量，能够把服装平面制图与服装的立体形态相联系，有利于提高制图的科学性和准确性。

三、成品服装的放松量

　　人体是运动的，运动是复杂多样的，人体测量取得服装规格是净体规格，所以必须在量体所得数据（净体规格）的基础上，根据服装品种、式样和穿着用途，加放一定的放松量。

　　各种常用服装的放松量见表4-1。

表4-1　常用服装的放松量一览表　　　　　　　　　　单位：cm

服装名称	一般应放宽规格				备注
	领围	胸围	腰围	臀围	
男衬衫	2～3	15～25			
男布夹克衫	4～5	20～30			春秋季穿着：内可穿一件羊毛衫
男布中山装	4～5	18～22			春秋季穿着：内可穿一件羊毛衫
男呢春秋衫	5～6	16～25			春秋季穿着：内可穿一件羊毛衫
风衣	6	24			春秋季穿着：内可穿一件羊毛衫
男呢西装	4～5	16～20			春秋季穿着：内可穿一件羊毛衫
男呢大衣		25～30			冬季穿着：内可穿两件羊毛衫
男裤			2～3	8～12	内可穿一条衬裤
女衬衫	2～2.5	10～16			
女连衣裙	2～2.5	6～9			
女布两用衫	3～3.5	12～18			春秋季穿着：内可穿一件羊毛衫
风衣	5	16			春秋季穿着：内可穿一件羊毛衫
女呢两用衫	3～4	12～16			春秋季穿着：内可穿一件羊毛衫
女呢西服	3～4	12～16			春秋季穿着：内可穿一件羊毛衫
女呢短大衣		18～22			冬季穿着：内可穿两件羊毛衫
女裤			1～2	7～10	内可穿一条衬裤
女裙			1～2	4～6	内可穿一条衬裤

四、服装号型的概念

　　服装号型标准是国家对服装产品规格所作的统一技术规定，是对各类服装进行规格设计的依据。我国的服装号型标准是在全国21个省、市、自治区，按照不同的地区、阶层、年龄、性别进行了近40万人的体型测量。在具备了充分调查数据的基础上，根据正常人体的体型特征和使用需要，选择最有代表性的部位，经过合理归并而制定出来的。

　　全国服装统一号型（GB 1335-1981）由国家标准总局颁布，于1982年

1月1日实施。1991年7月17日由国家技术监督局批准，1992年4月1日实施GB 1335-1991服装号型标准经过多年实施，不断进行修正，于1998年6月1日起正式实施新的服装号型标准GB/T 1335-1997（以下简称新号型）。

新号型中规定："号"是指人体的身高，以厘米（cm）为单位表示，是设计和选购服装长短的依据；"型"是指人体的胸围或腰围，以厘米（cm）为单位表示，是设计或选购服装肥瘦的依据。

新号型中根据人体胸围与腰围之间的差数大小，将人体划分为四种体型。有关体型分类的代号和范围见表4-2及表4-3。

表4-2　男子体型分类代号及范围　　　　单位：cm

体型分类代号	Y	A	B	C
胸围与腰围的差数	22～27	16～12	11～7	6～2

表4-3　女子体型分类代号及范围　　　　单位：cm

体型分类代号	Y	A	B	C
胸围与腰围的差数	24～19	18～14	13～9	8～4

五、服装号型的范围

新号型中规定，成年人上装为5·4系列。其中前一个数字"5"表示"号"的分档数值，即每间隔5cm分为一档。成年男子体高从155号开始至185号结束，共分为7个号。成年女子体高从145号开始至175号结束，也分为7个号。后一位数字"4"表示"型"（胸围）的分档数值。每隔4cm分为一档。

下装类分为5·4系列和5·2系列两种。腰围每隔4cm或2cm分为一档。

六、服装号型的标注

服装产品进入服装市场，必须标明服装号型及体型分类代号。服装号型的标注形式为"号、型+体型分类代号"。例如：男上衣号型170/88A，表示本服装适合于身高在168~172cm，净胸围在86~89cm的人穿着，"A"表示胸围与腰围的差数在12~16cm的体型。又如，女裤号型160/68A，表示该号型的裤子适合于身高为158~162cm，净腰围在67~69cm之间的人穿着，"A"表示胸围与腰围的差数在14~18cm的体型。

七、服装号型的应用

新型号中编制了各系列的控制部位数值。控制部位共有10个，即身高、颈椎点高、坐姿颈椎点高、全臂长、腰围高、胸围、颈围、总肩宽、腰围、臀围，它们的数值都是以"号"和"型"为基础确定的。首先以中间体的规格确定中心号的数值然后按照各自不同的规格系列，通过推档而形成全部的规格系列。中心号型是整个服装号型表的依据。所谓"中间体"又叫做"标准体"，是在人体测量调查中筛选出来的，具有代表性的人体数据。

成年男子中间体标准为：身高170cm、胸围88cm、腰围74cm，体型特征为"A"型。号型表示方法为：上衣170/88 A，下装170/74A。成年女子中间体标准为：身高160cm，胸围84cm腰围68cm，体型特征为"A"型。号型表示方法为：上衣160/84A，下装160/68 A 。

中间号在各号型系列中的数值基本相同，所以一般选择中间号作为基础制图的规格。目的是为了在制作系列样板时，由中间号型分别向两端推档，能够减少因档差过大而造成的误差。在此需要说明一点，服装号型标准中所规定的是人体主要控制部位的净体规格，并没有限定服装的成品规格。所以，在实际应用中不能将新号型看成是一成不变的标准，应结合具体的穿着要求和款式造型特点，灵活机动地选择与应用。

【想一想】
1. 各种常用服装的放松量。
2. 结合成衣规格理解服装号型的概念。

服装结构制图
原理及应用

第五章　女裙结构及变化

　　裙，一种围裹在人体自腰以下的下肢部位穿着的服装，无裆缝，女性的常用服装。一条得体的裙装可以表现出女性柔美的体态。

　　女裙从外形结构看，大致可分为直裙、斜裙、裥裙和节裙等。其中直裙包括后开衩一步裙、裙摆两侧开叉的旗袍裙、裙前面中间缝有阴裥的西服裙等。斜裙包括一片裙、两片裙、多片裙（四片、八片等）。裥裙包括百裥裙、皱裥裙等。节裙包括两节式或三节式等。其他还有两种或两种以上形式组合而成的裙子等。

一、裙原型的结构原理

（一）款式特点

　　裙原型（紧身直筒裙）裙身平直，裙上部符合人体腰臀的曲线形状，腰部紧窄贴身，臀部微宽，外形线条优美。是一款最为基础的裙型样板。可以此为基础变化出各种裙型，裙长可以根据个人爱好自由选择，方便迈步，因此在原型的绘制中，只采用几个关键部位的测量尺寸就能完成原型的绘制。

（二）制图规格

　　裙原型臀部以上贴体，腰围给1cm的松量，臀围给4cm的松量，制图是以腰围、臀围的尺寸为主要制图依据，其规格选取160/68A号规格。

号型：160/68A
单位：cm

部位	腰围（W）	臀围（H）	裙长（L）
尺寸	68	92	62

（三）制图要点

　　按照制图习惯，一般原型制图时只画右半部，见图5-1。

　　（1）裙子腰省是为了解决腰围臀围的差值。

　　（2）裙子腰省的分布：腰省是均匀的分布在腰线上。

　　（3）腰省的长度：腰省的长度由腹部与臀突大小决定的，前腰省长是在腹突线上，后腰省长是在臀围线向上5~6cm，后腰省长比前腰省长略长些。

　　（4）腰线的变化：为前后侧缝缝合后保持腰围线顺直，侧缝起翘0.7~1.2cm。因体形差异而定，臀突较大的人体后腰下落量小，反之则大，后中腰线下落在0.5~1.5cm。

　　（5）侧缝线的位置：腰围和臀围都有前后差，这个差值决定侧缝线的位置，一般腰围和臀围的前后差为前加1cm后减1cm，裙子的侧缝线向后偏1cm。

　　（6）放松量人体运动会引起腰围的尺寸变化，下蹲与坐下时，腰围加大1.5~3cm，臀围会加大2.5~4cm，因此臀围的放松量给出4cm，保证下蹲等的活动量，腰围处如果给3cm的松量，在静态时，腰部不能支撑而下滑，而腰部的2cm的压迫感可以接受，没有多大影响，腰部又是裙子的支撑部位，所以腰围的放松量是1cm，或是不给放松量。

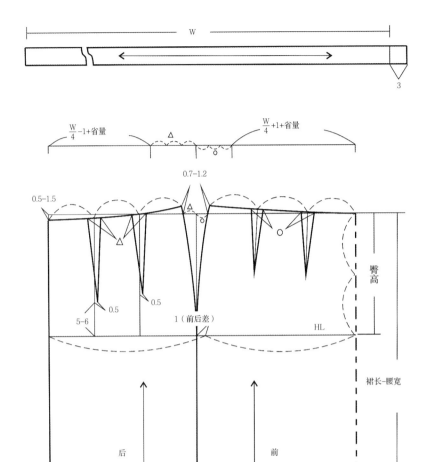

◀ 图5-1　裙原型结构图

二、半紧身裙

（一）款式特点

　　半紧身裙是在裙原型的基础上增加裙摆量所形成的裙型，一般理解为便于日常行走的裙摆宽度，步行时（最大步幅时）看似直筒裙；腰省合并后转到裙摆处。斜度大些也可将两个腰省都合并转到裙摆，使斜裙的摆量加大。

（二）测量与加放

　　（1）裙长，由腰围最细处向上2~3cm，向下量至所需长度。

　　（2）腰围，腰围最细处围量一周，加放1~2cm。

（3）臀围，臀围最丰满处围量一周，加放4~6cm（不同年龄、职业、面料加放量不同）。

（三）制图规格

号型：160/72B　　　　　　　　　　　　　　　　　　　　　　　　　单位：cm

部位	裙长	腰围	臀围	腰宽
规格	68	74	94	3

（四）制图要点

方法一：直接制图法，见图5-2。

方法二：原型制图法，见图5-3。

（1）先作好裙原型，在裙原型基础上制图。前裙片臀围宽三等分，与靠近前中线的等分点连线，并沿此线剪开纸样，则形成A、B两部分。

（2）将剪开线上的省道叠合（去掉省道），下摆沿剪开部位自然分开，使其增大了裙摆的量。

（3）将剩下的省道移至腰围宽的中间位置，也可根据款式图选取省道位置。为了降低侧缝线的凸度，增加侧摆量4~5cm，然后圆顺下摆曲线。

（4）后裙片的制图方法同前裙片，将绘制好的结构图按使用纱向摆放于面料上，放缝裁剪即可。

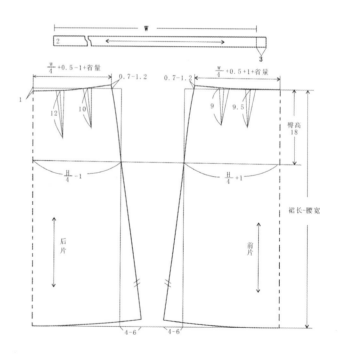

▶ 图5-2　半紧身裙结构图（直接制图法）

三、圆形裙

（一）款式特点

圆形裙，裙子的臀部离开人体空隙比半紧身裙更大些，裙下摆也加大呈喇叭状，下边产生自然的垂褶，具有变化美感，可利用裙原型进行款式变化。

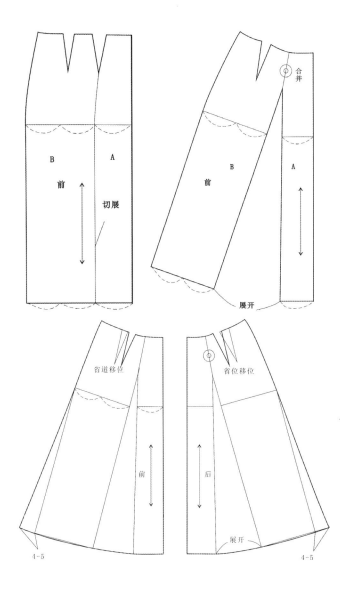

◀ 图5-3 半紧身裙结构图（原型制图法）

（二）制图要点，见图5-4

（1）先作好裙原型，在裙原型基础上制图。将前、后裙片臀围宽三等分，分别与两个等分点连线，并沿线剪开纸样，并将所有的省道去掉，则形成A、B、C、D、E、F六个部分。

（2）将A至F六个部分按直角的两条边依次摆放，使腰围各分割点重合，显然一片裙摆曲线长为1/4圆，本款的裙摆为半个圆，则要裁出两片。

（3）将C、D部分用曲线连接，距连线3cm画顺裙摆曲线。因为C、D正处于面料的斜纱部位，易于抻长，要把这部分抻长量去掉，其大小应根据面料质地决定。

四、两裥裙

（一）款式特点

两裥裙，又称马面裙，属于宽褶设计，裥可以适应人体的活动量，又可以起到装饰的效果，整体呈现小A字型。

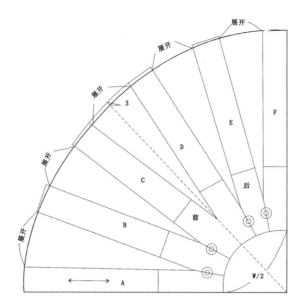

▶ 图5-4　圆形裙结构图

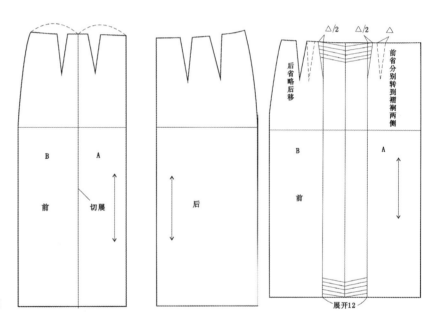

▶ 图5-5　两裥裙结构图

（二）制图要点，见图5-5

（1）先做好裙原型，在裙原型基础上制图。将前裙片腰围宽二等分，过等分点连线，并沿此线剪开纸样，形成A、B两部分图形。

（2）后裙片为原型图。

（3）将A、B两部分的纸样分开，分开的大小为褶裥量，这里放出12cm，或随设计而定。然后将前省量移进褶裥两侧，各为半个省量，后裥位也向后略为移动。当放出褶裥量后，A与B及褶裥为一个整体，按外部轮廓放缝裁剪即可。

五、六片裙

（一）款式特点

六片裙，是以两侧缝为界前后各分三片的裙型，显得简洁干练，臀部为合体型，因此臀围松量为4cm。

（二）制图要点，见图5-6

（1）先作好裙原型，在裙原型基础上制图。将前裙片臀围宽三等分，与靠近前中线的等分点连线，则形成A、B两个部分。再以此线为基础，在裙摆处向两侧各加出2cm连线，这部分属于交叉重叠部分（即A与B公共部分），故采用重叠符号。

（2）由于采用了分割设计，裙片B的省道量应转移到分割线中，也就是用分割线替代省道。在侧缝线与分割线同时移近半个省量（原省去掉）。同时增加侧摆量4cm，圆顺下摆曲线。裙摆量越靠近侧缝线，增加的摆量越大；靠近前后中心的分割线，增加的摆量就小。

（3）后裙片的制图方法同前裙片。

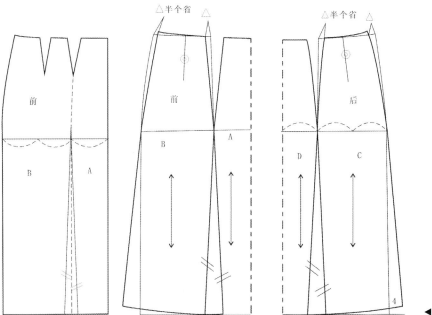

▶ 图5-6　六片裙结构图

六、三节裙

（一）款式特点

三节裙，腰的位置在人体的腰围线上，是横向分割裙设计，它可以是两块、三块或多块，每块的宽度可随设计而定，但要符合人体的视觉效果，在分割线上增加褶皱量，使整体具有节奏的美感，造型上呈现宽松型。

（二）制图要点，见图5-7

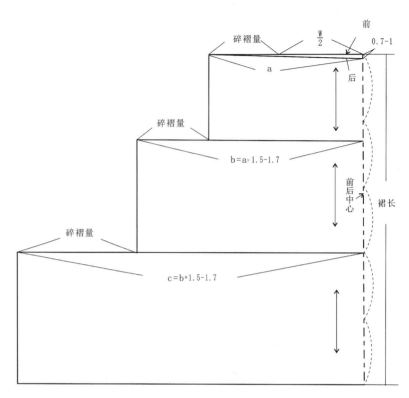

▶ 图5-7　三节裙结构图

七、育克裙

（一）款式特点

　　育克裙，是在腰臀位置的分割设计，形成腰部的块面结构，以保持造型与人体相吻合，整体廓形呈小A字型。

（二）制图要点，见图5-8

　　（1）先作好裙原型，在裙原型基础上制图。由于是A型廓型，可先将前裙片的裙摆放出。

　　（2）在腰臀部采用横向曲线分割设计，形成A、B两部分，省尖尽量接触或靠近分割线。

　　（3）裙片A的两个省道量逐一叠合（去掉省道），将其转移到分割线中，就是说用分割线替代了省道的作用，这一步很关键，要学会处理问题的思路与转移方法。

八、鱼尾裙

（一）款式特点，见图5-9

　　外形类似鱼尾，裙片为八片裙摆自然下垂，形成起伏有致、线条柔和的皱褶，外绱腰后边装拉链。可选用有悬垂感或较挺括的中、高档面料。

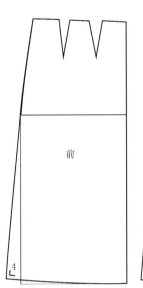
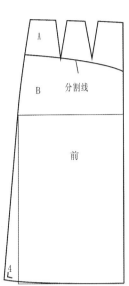
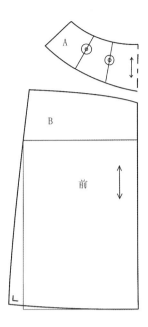
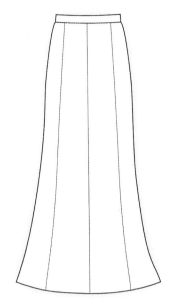

▲ 图5-8　育克裙结构图

▲ 图5-9　八片鱼尾裙款式图

（二）制图规格，见图5-10

号型：165/70A　　　　　　　　　　　　　　　　　　　　　单位：cm

部位	裙长	腰围	臀围	臀长
规格	80	70	100	18

（三）制图要点

（1）长度线：裙长线（裙长－腰宽）、臀高线。

（2）画中心线，平分臀围/8和腰围/8。

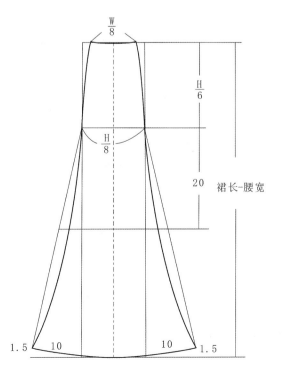

▲ 图5-10　八片鱼尾裙结构制图

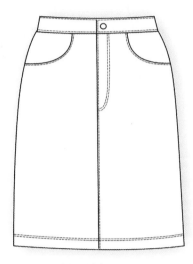

▲ 图5-11　牛仔裙款式图

九、牛仔裙

（一）款式特点

牛仔裙的裙长较短，裙摆不大，腰部可分割，臀部较紧身。缉双止口明线，很受女青年的喜爱，见图5-11。

（二）制图规格

单位：cm

号型	部位	裙长	腰围	臀围	臀长
160/68A	规格	45	70	96	18

（三）制图要点，见图5-12

（1）实际腰口弧线：原腰口弧线平行下落3cm，为实际腰口弧线。再向平行下落3cm为腰宽。

（2）门襟宽：3.5cm。长：臀围宽与中心线交点向下1cm。

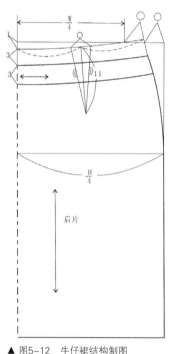
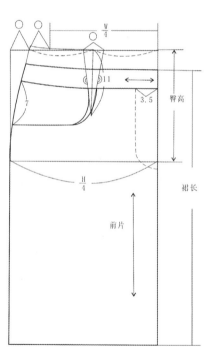

▲ 图5-12　牛仔裙结构制图

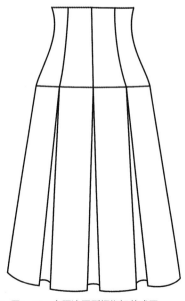

▲ 图5-13　高腰连腰型褶裥裙款式图

十、高腰褶裥裙

（一）款式特点，见图5-13

此款裙为高腰连腰型褶裥裙，腰节向上连腰6厘米，腰节向下12厘米断开分割线，前后片各设5个阴裥，裥底大12厘米。在右侧缝上端装隐形拉链。此款裙适合年轻女性穿着，厚薄面料均可。

（二）制图规格

单位：cm

号型	部位	裙长	腰围	臀围
165/68A	规格	62	70	94

（三）制图要点，见图5-14

1. 裙腰造型（包括裤腰）的分类

腰口造型分为高腰、平腰、低腰三种。腰口线的高低决定着裙腰的造型，同时裙腰的造型又决定腰口线的形状。高腰状态时，裙腰的造型为扇面形；平腰状态时，裙腰的造型为矩形，腰口线为直线；低腰状态时，裙腰的造型为倒置的扇面形，腰口线为弧形。

2. 裙褶裥的画法

前后片均同。

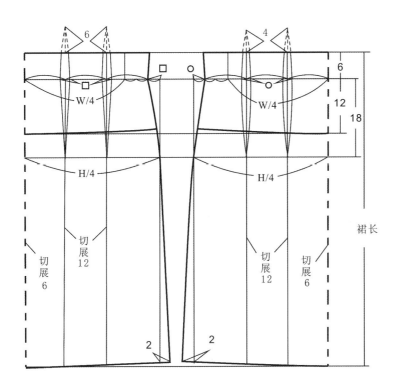

◀ 图5-14 高腰连腰型褶裥裙结构图

【想一想】

裙腰中高腰、平腰、低腰三种腰口线的绘制方法。

【练一练】

1. 用1：1的比例绘制一条褶裥裙。（规格自定）
2. 用1：1的比例绘制一条高腰裙。（规格自定）

第六章 裤子结构及变化

裤子即裤，泛指（人）穿在腰部以下的服装，一般由一个裤腰、一个裤裆、两条裤腿缝纫而成。裤子的款式繁多，按长度区分有长裤、短裤、中裤；按腰线高低区分有低腰裤、高腰裤、无腰带裤等；按褶裥的形式区分有无褶裥裤、有褶裥裤等。

一、西裤

（一）款式特点

裤腰为装腰型直腰，前裤片腰口左右反折裥各2个，前袋的袋型为侧缝直袋，后裤片腰口左右各收省2个，前中门里襟装拉链，见图6-1。

（二）测量要点

（1）裤腰围的放松量，一般在1~2cm。
（2）臀围的放松量，适体型的一般在7~10cm。

（三）制图规格

号型 160/68A				单位：cm
部位	裤长	腰围	臀围	脚口
规格	98	70	100	20

（四）制图要点

1. 前裤片，见图6-2

（1）侧缝基础线：离开布边1.5cm作一直线，与布边平行。

（2）脚口线：与布边垂直，预留贴边4cm。

（3）裤长线：②~③等于裤长98cm－腰宽4cm＝94cm。

（4）横裆线（上裆长）：③~④ H/4＝25cm，与③平行。

（5）臀围线：③~⑤等于上裆长的2/3＝16.7cm，与③平行。

（6）中裆线：⑤至②的1/2提高3cm，与③平行。

（7）前臀围大：在臀围线上，由①量起，①~⑦ H/4－1＝24cm，作一直线与①平行。

（8）前腰围大：在腰口线上，由①量起，1cm为侧缝劈势，再量出前腰围大 W/4－1＋6（褶裥量）＝22.5cm。

（9）前裆宽：在横裆线上，由⑦量起，⑦~⑨ H0.4/10＝4cm。

（10）烫迹线：在横裆线上，由①劈进0.7cm至⑨的中点，作一条直线，与①平行。

（11）前脚口大：按脚口规格20cm－2cm＝18cm，以烫迹线两边平分。

（12）下裆缝线：脚口端点与前裆宽的1/2处相连，与中裆线相交，再从交与⑨相连，中间凹进0.3cm画顺。

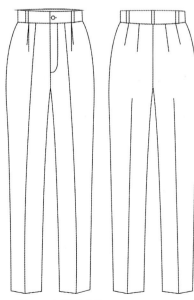

▲ 图6-1 西裤款式图

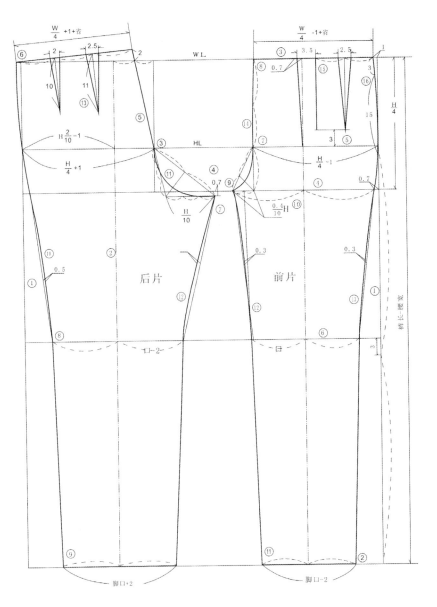

◀图6-2　西裤结构图

（13）侧缝线：在中裆线上，以烫迹线为对称，取中裆大两边相等，下端与脚口相连，上端与侧缝进0.7cm处连接，中间凹进0.3cm，再连接至腰口，用弧线画顺。

（14）门襟线：由⑧至⑦画弧线连到⑨，用弧线画顺，画法见图6-2。

（15）褶裥：前褶裥为反裥，褶裥量取3.5cm，由前褶裥至侧缝的1/2为后褶裥位置，后褶裥量取2.5cm，褶裥烫至臀围线上3cm左右。

（16）侧缝直袋：在侧缝线上，上端距腰口3cm，袋口大15cm。

2. 后裤片

后裤片制图的长度以前裤片为基础，将腰口线、臀围线、横裆线、中裆线、脚口线延长。

（1）侧缝基础线：与布边平行。

（2）烫迹线：①～② H2/10 − 1 = 19cm，与①平行。

（3）后臀围大：①～③ H/4 + 1 = 26cm，从腰口线画至横裆线，与①平行。

（4）后裆低落：按前片横裆线，在后裆处低落0.7cm。

（5）后裆缝线：在腰口线处，取②～③的1/2与后臀围大连接并延长，上端提高2cm为后翘高,下端与后裆低落相交。

(6)后腰围大:由后翘高点量起W/4 + 1 + 4.5(省量)= 23cm,在腰口线上相交。

(7)后裆宽:由后裆缝线与后裆低落交点量起,H/10 = 10cm。

(8)后中裆大:以烫迹线为对称,两边各取前中裆大□ + 2cm。

(9)后脚口大:按脚口规格20cm + 2cm = 22cm,以烫迹线两边平分。

(10)侧缝线:由脚口大连至中裆大,再与臀围线和①的交点连接,中间凹进0.5cm,再连至⑥,用弧线画顺。

(11)后裆缝弧线:在后裆缝线上,由③至⑦按图用弧线画顺。

(12)下裆缝线:由脚口连至中裆,再连至⑦,中间凹进1cm。

(13)后省:后腰围大三等分为两只后省的位置,侧缝省长10cm,大2cm;后缝省长11cm,大2.5cm,与腰口线垂直。

3. 零部件制图,见图6-3

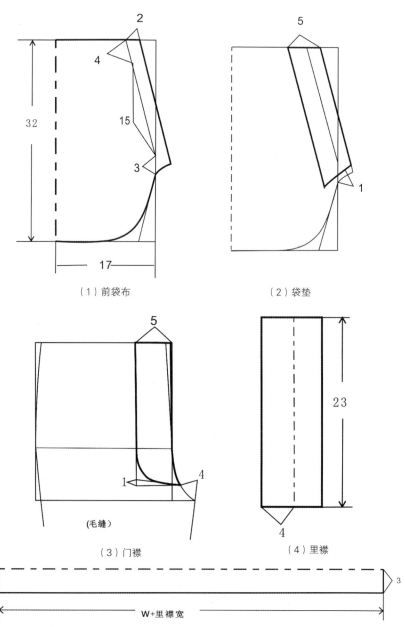

(1)前袋布　　　　　　　　(2)袋垫

(3)门襟　　　　　　　　(4)里襟

(5)腰

▶ 图6-3　零部件结构图

（五）西裤放缝图，见图6-4

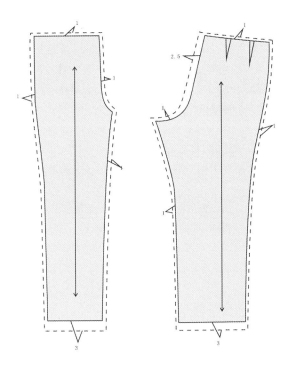

◀图6-4　西裤放缝图

（六）西裤排料图，见图6-5

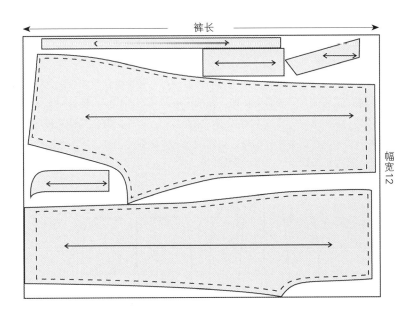

◀图6-5　西裤排料图

【练一练】

按1：1比例制出西裤的结构图，规格自定。

【小知识】

1. 后裆缝斜度的确定及后裆缝斜度与后翘的关系

后裆缝斜度是指后缝上端处的偏进量，后裆缝斜度大小与臀腰差的大小，后裤片省的多少，省量大小，裤的造型（紧身、适身、宽松）等诸因素有关。

臀腰差越大，后裆缝斜度越大，反之越小；后裤片一个省或省量较小时，后裆缝斜度酌情增加；后裤片两个省或省量较大（包括收裥）时，后裆缝斜度酌情减小。从西裤的造型上看，宽松型西裤由于适体度要求不高而臀围量放松量较大，因此后裆缝斜度小于适身型西裤，而紧身型西裤由于适体度要求高而大于适身型西裤。

后翘后腰缝线在后裆缝上的抬高量。后翘是与后裆缝斜度并存的，如果没有后翘则后裆缝拼接后产生凹角，因此，后翘是使后裆缝拼接后后腰口顺直的先决条件，后裆缝斜度与后翘成正比。

2. 裥、省与臀腰围差的关系

（1）双裥双省式，前片收双裥，后片收双省，适应臀腰差偏大的体型，一般臀腰差在25cm以上。

（2）单裥单省式，适应臀腰差适中的体型，一般臀腰差在20~25cm。

（3）无裥式，适应臀腰差偏小的体型，一般臀腰差在20cm以下。

其他如双裥单省式或单裥双省式等，根据具体的臀腰差合理的处理，此外，款式因素也是西裤裥、省多少的条件之一。

3. 后片裆缝低落数值的确定

后片裆缝低落数值是因后下裆缝线斜度大于前下裆缝线引起的，由此造成后下裆缝线长于前下裆缝线，以裆缝线低落一定数值来调节前后下裆缝线的长度，低落数值以前后下裆缝线等长即可，同时要考虑面料因素、采用的工艺方法等。

二、肥胖体西裤

（一）款式特点

中老年人中腹部较胖的体型所占的比例不小，若穿着正常体服装，往往不能称心合体，这类体型属于特殊体型。按国家服装号型的规定，把这一类体型分为B体或C体，反映在裤子上是臀腰差很小或相接近。对于肥胖体的裤子裁法，可在一般裤子裁剪的比例分配方法上，对制图公式作必要的调整，才能裁出比较合体的裤子，起到修饰体型的作用，见图6-6。

▶ 图6-6　肥胖体西裤款式图

（二）测量要点

（1）臀围的放松量，放松量不宜过大，为10~14cm。

（2）裆深的测量，应比适身型稍长。

（三）制图规格

号型165/84B 单位：cm

部位	裤长	腰围	臀围	中裆	脚口
规格	100	86	108	27	23

（四）制图要点

1. 前裤片，见图6-7

（1）侧缝基础线：离开布边1.5cm作一直线，与布边平行。

（2）脚口线：与布边垂直，预留贴边4cm。

（3）裤长线：由脚口线向上量取裤长100cm–腰宽4cm＝96cm。

（4）横裆线（上裆长）：由裤长线向下量取H/4+1＝28cm，与裤长线平行。

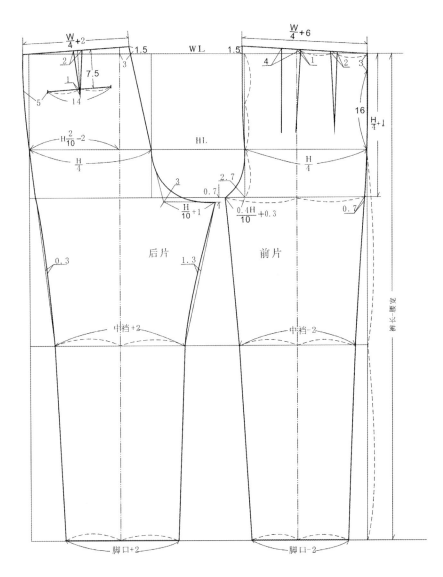

◀ 图6-7 肥胖体西裤结构图

（5）臀围线：裤长线向下量取上裆长的2/3 = 18.6cm，与裤长线平行。

（6）中裆线：臀围线至脚口线的1/2处，与裤长线平行。

（7）前臀围大：在臀围线上，由侧缝基础线量起，H/4 = 27cm，作一直线与侧缝基础线平行。

（8）前腰围大：在腰口线上，由侧缝基础线量起，量出前腰围大W/4+6 = 27.5cm，前端抬高1.5cm。

（9）前裆宽：在横裆线上，由前臀围大量起，H0.4/10+0.3 = 4.5cm

（10）烫迹线：在横裆线上，由侧缝基础线劈进0.7cm，至前裆宽的中点，作一条直线，与侧缝基础线平行。

（11）前脚口大：按脚口规格23cm–2cm = 21cm，以烫迹线两边平分。

（12）中裆宽：按中裆规格27cm–2cm = 25cm，以烫迹线两边平分。

（13）下裆缝线：脚口端点与中裆宽相连，再与前裆宽相连，用弧线画顺。

（14）侧缝线：中裆宽与脚口大点相连，上端与侧缝进0.7cm处连接，再连接至腰口，用弧线画顺。

（15）门襟线：由前腰围大至前臀围大画外凸弧线连到前裆宽，用弧线画顺，凹势为2.7cm。

（16）前腰口线：两腰口端点相连。

（17）前脚口线：两脚口端点相连。

（18）褶裥：前褶裥为正裥，褶裥量取4cm，偏烫迹线1cm；由前褶裥至侧缝的1/2为后褶裥位置，后褶裥量取2cm，褶裥烫至臀围线上3cm左右。

（19）侧缝直袋：在侧缝线上，上端距腰口3cm，袋口大16cm。

2. 后裤片

后裤片制图的长度以前裤片为基础，将腰口线、臀围线、横裆线、中裆线、脚口线延长。

（1）侧缝基础线：与布边平行。

（2）烫迹线：侧缝基础线向里量取H2/10–2 = 19.6cm，与侧缝基础线平行。

（3）后臀围大：在臀围线上，由侧缝基础线向里H/4 = 27cm，从腰口线画至横裆线，与侧缝基础线平行。

（4）后裆低落：按前片横裆线，在后裆处低落0.7cm。

（5）后裆缝线：在腰口线处，烫迹线交点向外3cm抬高1.5cm，为后翘高，与后臀围大连接并延长，下端与后裆低落相交。

（6）后腰围大：由后翘高点量起W/4+2 = 23.5cm，在腰口线上相交。

（7）后裆宽：由后裆缝线与后裆低落交点量起，H/10+1cm = 11.8cm。

（8）后中裆大：按中裆规格27cm + 2cm = 29cm，以烫迹线两边平分。

（9）后脚口大：按脚口规格23cm + 2cm = 25cm，以烫迹线两边平分。

（10）侧缝线：由脚口大连至中裆大，再与臀围线和侧缝基础线的交点连接，中间凹进0.3cm，再连至后腰围宽点，用弧线画顺。

（11）后裆缝弧线：在后裆缝线上，由后腰围宽点至后裆宽点，用弧线画顺，凹势为3cm。

（12）下裆缝线：由脚口连至中裆，再连至后裆宽点，中间凹进1.3cm。

（13）腰口线：两腰口大点相连。

（14）脚口线：两脚口大点相连。

（15）后省：后腰围大二等分为后省的位置，省长8.5cm，省大2cm，与腰口线垂直。

（16）后袋位：袋口距腰围线7.5cm，即省尖超出袋位线1cm；袋口距侧缝线

5cm，袋口大14cm，省中线为袋口大中点。

3. 零部件制图，见图6-8

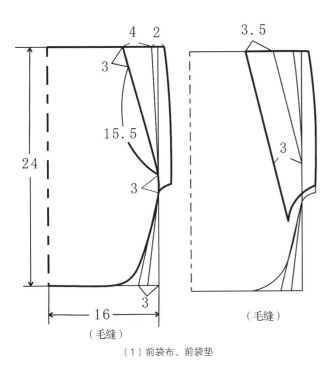

（1）前袋布、前袋垫

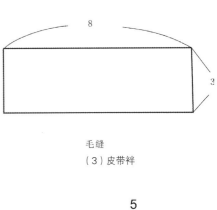

毛缝
（3）皮带袢

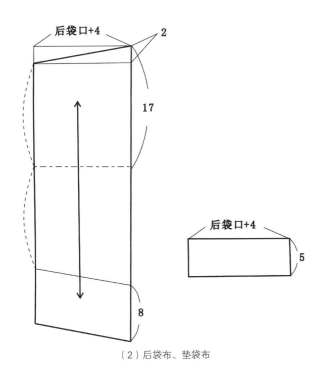

（2）后袋布、垫袋布

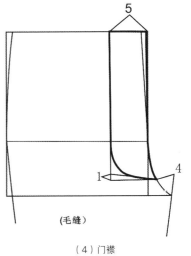

（4）门襟

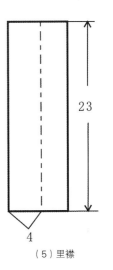

（5）里襟

▲ 图6-8　零部件图

三、牛仔裤

（一）款式特点

牛仔裤的上裆较短，臀围较小，收紧腹部，穿着舒适。前裤片无裥，后片拼后翘，侧缝月亮袋，后贴袋左右各一个，起装饰作用，皮带袢7根。面料一般用较厚斜纹粗布，以靛蓝色水洗、石磨为主，见图6-9。

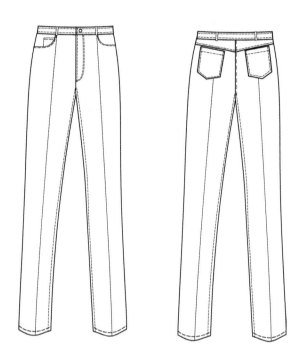

▶ 图6-9　牛仔裤款式图

（二）测量要点

（1）臀围的放松量，放松量不宜过大，在4cm左右。

（2）裆深的测量，应比适身型稍短。

（三）制图规格

号型　165/72A					单位：cm
部位	裤长	腰围	臀围	中裆	脚口
规格	97	74	96	22	18

（四）制图要点

1. 前裤片，见图6-10

（1）侧缝基础线：离开布边1.5cm作一直线，与布边平行。

（2）脚口线：与布边垂直，预留贴边4cm。

（3）裤长线：由脚口线向上量取裤长97cm−腰宽4cm＝93cm。

（4）横裆线（上裆长）：由裤长线向下量取H/4＝24cm，与裤长线平行。

（5）臀围线：裤长线向下量取上裆长的2/3＝16.7cm，与裤长线平行。

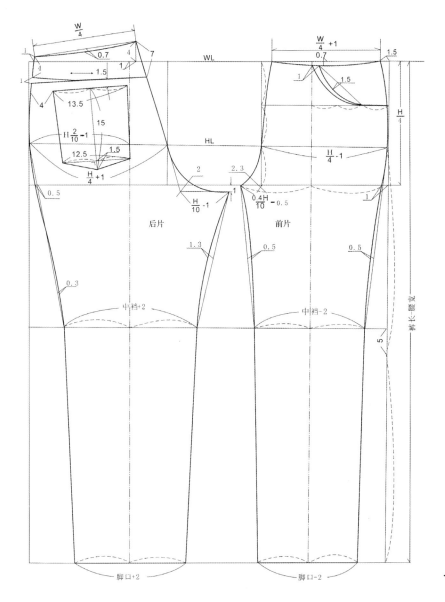

▲ 图6-10　牛仔裤结构图

（6）中裆线：臀围线至脚口线的1/2提高5cm，与裤长线平行。

（7）前臀围大：在臀围线上，由侧缝基础线量起，H/4－1＝23cm，作一直线与侧缝基础线平行。

（8）前腰围大：在腰口线上，由侧缝基础线量起，1.5cm为侧缝困势，再量出前腰围大W/4+1cm＝19.5cm。

（9）前裆宽：在横裆线上，由前臀围大量起，H0.4/10－0.5cm＝3.34cm。

（10）烫迹线：在横裆线上，由侧缝基础线劈进1cm至前裆宽的中点，作一条直线，与侧缝基础线平行。

（11）前脚口大：按脚口规格18cm－2cm＝16cm，以烫迹线两边平分。

（12）下裆缝线：脚口端点与前裆宽的1/2处相连，与中裆线相交，再从该点与前裆宽相连，中间凹进0.3cm画顺。

（13）侧缝线：在中裆线上，以烫迹线为对称，取中裆大两边相等，下端与脚口相连，上端与侧缝进1cm处接，中间凹进0.3cm，再连接至腰口，用弧线画顺。

（14）门襟线：由前腰围大至前臀围大画弧线连到前裆宽，用弧线画顺，画法见图6-10。

（15）前腰口线：两腰口端点相连。

（16）侧缝袋弧线：在腰口线上，烫迹线交点向左1cm与上裆深上1/3辅助线的烫迹线和侧缝基础线之间线段的外1/3等分点连接，凹势为1.5cm，用弧线画顺。

（17）裤片袋口位弧线：袋位处1/3等分点与腰口线上烫迹线交点连接，凹势与侧缝袋弧线相间，用弧线画顺。

2. 后裤片

后裤片制图的长度以前裤片为基础，将腰口线、臀围线、横裆线、中裆线、脚口线延长。

（1）侧缝基础线：与布边平行。

（2）烫迹线：侧缝基础线向里量取H2/10 − 1 = 18.2cm，与侧缝基础线平行。

（3）后臀围大：在臀围线上，由侧缝基础线向里H/4 + 1 = 25cm，从腰口线画至横裆线，与侧缝基础线平行。

（4）后裆低落：按前片横裆线，在后裆处低落1cm。

（5）后裆缝线：在腰口线处，烫迹线交点向外1cm抬高4cm，为后翘高，与后臀围大连接并延长，下端与后裆低落相交。

（6）后腰围大：由后翘高点量起W/4 = 18.5cm，在腰口线上抬高1cm处相交。

（7）后裆宽：由后裆缝线与后裆低落交点量起，H/10−1cm = 8.6cm。

（8）后中裆大：以烫迹线为对称，两边各取前中裆大□ + 2cm。

（9）后脚口大：按脚口规格18cm + 2cm = 20cm，以烫迹线两边平分。

（10）侧缝线：由脚口大连至中裆大，再与臀围线和侧缝基础线的交点连接，接近中裆部位，中间凹进0.3cm，接近臀围部位，凸出0.5cm，再连至后腰围宽点，用弧线画顺。

（11）后裆缝弧线：在后裆缝线上，由后腰围宽点至后裆宽点，用弧线画顺，凹势为2cm。

（12）下裆缝线：由脚口连至中裆，再连至后裆宽点，中间凹进1.3cm。

（13）腰口线：两腰口端点相连用弧线画顺，凹势为0.7cm。

（14）裤片后翘拼接线：后裆腰口端点下落7cm与侧缝腰口端点下落5cm连直线。

（15）后翘拼接线：侧缝腰口端点下落4cm即与裤片后翘拼接线间距1cm起，画顺至后翘拼接线。

（16）后贴袋：袋口距后翘拼接线1.5cm，距侧缝袋4cm。袋口大13.5cm，袋长15cm，袋底高1.5cm，袋底大12.5cm，以袋中心两边平分。

【练一练】

按1:1比例画出牛仔裤结构，规格自定。

四、裙裤

（一）款式特点

裙裤从外观造型来看，像一条裙子，实际上是有裆缝的裤子。裙裤具有裤子的裁片结构和裙子的动态外观，是女子喜爱的休闲下装。这是一件基本款式的裙裤，根据款式造型的需要，可以在宽松量、长短及结构上作变化，见图6-11。

◀ 图6-11　裙裤款式图

（二）测量要点

（1）裤腰围的放松量，一般在1~2cm。

（2）臀围的放松量，适体型的一般在6~10cm。

（三）制图规格

号型　160/66A　　　　　　　　　　　　　　　　单位：cm

部位	裤长	腰围	臀围
规格	64	68	94

（四）制图要点，见图6-12

（1）臀围的放松量较大，前后片的腰围、臀围不设置前后差。

（2）裙裤有裆缝，横裆比裤子大，前、后裆宽也要增大，上裆也较大。

（3）裙裤的脚口（裙摆）较大，其放量并非在脚口两侧平均分配，而是在下裆缝内侧放得较少，放量主要加在脚口外侧，这是因为裙裤下裆缝在两腿之间内侧放量过多，活动时不便，且影响舒适和美观。

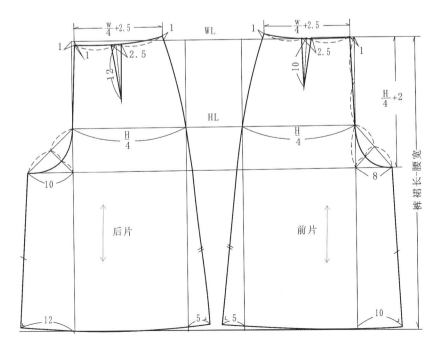

◀ 图6-12　裙裤前后片制图

【练一练】

　　按1：1比例画出裙裤结构，规格自定。

五、喇叭型牛仔裤

（一）款式特点

　　喇叭型牛仔裤，见图6-13，前后腰无省，后腰部有育克和贴袋，采用低腰结构，臀部合体，呈梯形廓型，臀部为合体型，因此臀围松量为4cm。

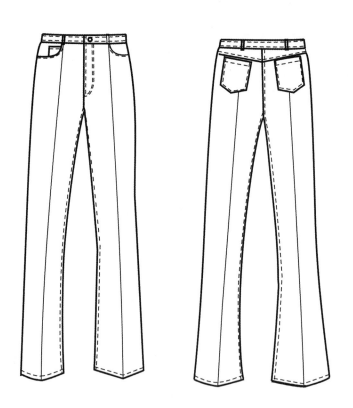

▶ 图6-13　喇叭型牛仔裤款式图

（二）制图规格

号型　165/72A　　　　　　　　　　　　　　　　　　单位：cm

部位	裤长	腰围	臀围	中裆	脚口
规格	98	74	96	22	26

（三）制图要点，见图6-14

　　（1）先作好裤子基本型（筒型裤），在裤子基本型上制图。将裤长加长放出6cm，前、后裤片裤口两侧各加出2cm。

　　（2）前、后裤片膝围线上移4cm，膝围宽缩小，两侧各收进1cm。

　　（3）因采用低腰结构，前、后裤腰部降低4cm。将前裤片省量移到侧缝线处，臀围线收进1cm，并连接各点画顺曲线。后裤片腰部设置一条分割线，形成A、B两部分，把A部分的两个省叠合（去掉省道）连接各点画顺曲线。

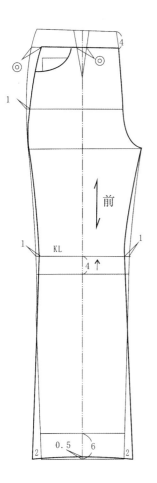

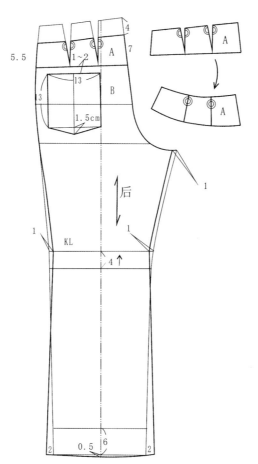

▲ 图6-14　喇叭牛仔裤结构图

第七章 女衣身原型结构及省道转移变化

原型是运用人体基本部位和若干重要部位的比例形式来表达其余相关部位结构的最简单的基础样板。因此在原型的绘制中，只采用几个关键部位的测量尺寸就能完成原型的绘制。

原型是指符合人体基本状态的最简单的纸样，是服装构成的基础。根据人的体型和活动特点，把包覆人体的衣片分为上身原型、袖原型、裙原型和裤原型。

人体是一个较复杂的立体凸体，原型法是根据人的立体模型制出标准基础图样，再以此为基础放大或缩小形状尺寸，设计出各种造型的服装裁剪法。原型法是以人体为基础，从立体到平面再回到立体的过程。

原型法按不同国家及使用惯例又分为不同类型与流派，但其基本原理都是一致的，都是以符合人体基本状态的最简单的基型为中间载体，然后按照款式要求在原型上调整来进行结构设计。原型法制图相当于把结构设计分成了两步：第一步考虑人体的形态，得到相当于人体立体表皮展开的中间载体；第二步运用自身所具有的美学经验及想象力在原型上进行款式造型变化最终得到服装结构图。

本教材选择在国内高校和企业运用较多的几种结构制板原型进行研究。主要有下列四种：日本第六版文化式原型、东华原型、谢氏原型、日本新文化式原型。

一、常用女装原型结构

（一）日本第六版文化式原型，见图7-1

在日本社会发展的一百多年间，随着西洋服装的渗透，很多技术人员花费了大量的时间和精力来研究服装原型。特别是文化女子大学服装系创作的文化式原

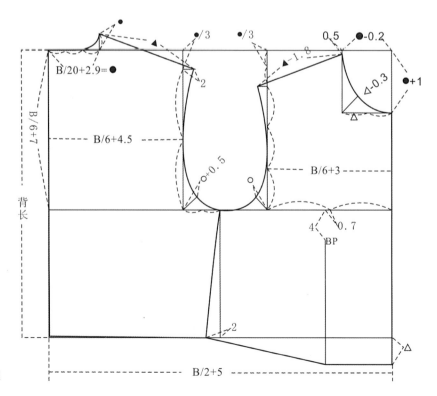

▶ 图7-1 日本第六版文化式原型

型，其中经过多人试穿后第六次修改而确定的第六版文化式原型（俗称旧文化原型）。在20世纪80年代传入到我国以来，我国的服装教育、服装行业都直接或间接受益于第六版文化式原型。该原型以测量部位少、制作方便著称，且日本人体体型与我国人体体型相似，在国内被各大服装院校广泛使用，已经完全代替了中国传统的比例裁剪方法。日本文化式原型法的引进对我国服装制板技术的进步起了积极的促进作用。但随着新文化原型及中国国内专业人士自己研究的原型的出现，该原型逐渐显示出自己的不合理之处。该原型在我国服装院校有着广泛的影响力。

号/型	净胸围（B*）	背长（BWL）
160/84A	84	38

（二）谢式原型，见图7-2

　　谢式原型是福建师范大学服装设计与工程专业谢良老师对第六版文化式原型加以改变而成的一种原型。谢式原型总结了原型打板法的技术原理和技术方法，将自己的原型冠以"女装原型的本国化改革"。日本文化式原型法的引进对我国服装制板技术的进步起了积极的促进作用，但在解决原型合体性的途径、设计变化的可传授性两个方面不太符合我国国情，在一定程度上影响了原型法的推广。为了实现较大范围体型的合体效果，原型各主要控制部位的计算公式的设置应尽可能近似于人体相应部位的增减比例，谢式原型按照我国女性的体型特征，归纳出胸围与各控制部位之间具有典型性、代表性的增减比例，重设各控制部位的计算公式，替代文化式女装原型原有的公式。谢式女装原型外形仍然启用第六版文化式原型，只是改变了原型内在尺度的增减比例，对中间体原型的外观影响小。经本国化改革的谢式女装原型，成功地突破了简捷地覆盖大范围体型的合体性难题。

　　其规格尺寸与日本第六版文化式原型相同，结构图如图7-2所示。

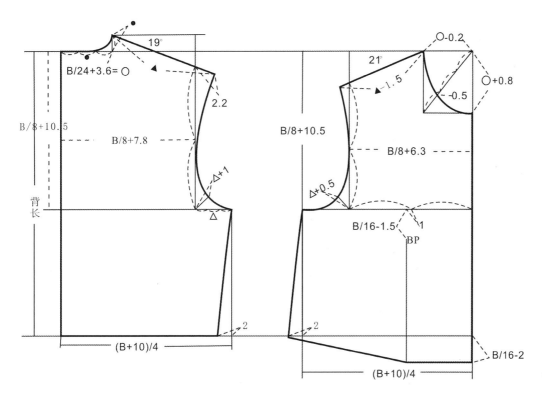

◀ 图7-2　谢式原型

（三）东华原型，见图7-3

东华大学服装学院相关学科的教师和科研人员本着加强中国服装结构设计基础理论研究的愿望，经过长达10年的探索与实践，对原型构成原理、中国人体体形计测及其规律分析、中国原型初始图形应用等作了综合性研究，在细部公式与人体控制部位相关关系及其回归方程的建立、修正及不断完善的过程中，建立了具有中国式原型——东华原型的理论体系和技术方法，填补了我国服装设计技术的空白。

中国本土目前出现的许多制板方法，如基型法、母型法、梅式直裁法等，基本上都是应用制板法。即板型基础是以成衣的制板为基础的方法，不是建立在对人体的基础研究之上，而是建立在成衣制板经验基础之上的，因此很难在制板本质上拿出翔实的人体理论根据。而东华原型是真正的原型制板法，是建立在对人体的全面研究，经过数学或几何的归纳加上服装制板经验总结出的基本板型作为原型。

号/型	净胸围（B*）	背长（BWL）
160/84A	84	38

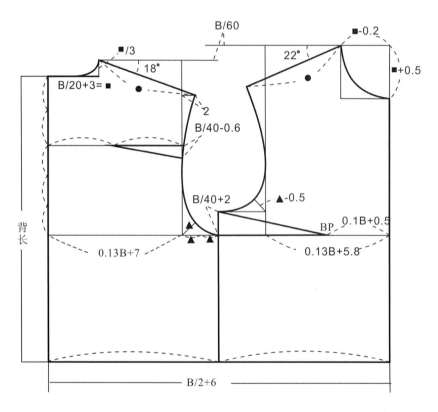

▶ 图7-3　东华原型

（四）日本新文化式原型，见图7-4

文化式原型为日本服装教育领域经常使用的原型之一。日本新文化式原型是1998~1999年，文化女子大学服装系连同大专部和文化服装学院（中专）共同研究，对原有原型进行了最新的一次修正。修正过程中主要以文化女子大学服装造型学研究室的长期实验结果为依据。新原型的制图公式是在大量实验数据的基础上归纳形成的，既适合教学使用，同时又能满足个体定制服装的需要，体型覆盖率高，满足基本的日常动作需求。已于近几年传入我国，逐步在各高校中传播，将替代原有的第六版文化式原型。

1. 制图规格

衣身原型是以胸围、背长的尺寸为主要制图依据，其规格选取160/84A号规格。

（1）规格尺寸。

号型：160/84A　　　　　　　　　　　　　　单位：cm

部　位	净胸围（B*）	背长（BWL）	腰围（W*）	袖长
尺　寸	84	38	68	50.5

（2）总省量的计算与腰省分配。

总省量=b/2 +6-（w/2+3）

总省量	F	E	D	C	B	A
100%	7%	18%	35%	11%	15%	14%

2. 制图方法，见图7-4

按照女装的习惯和成衣要求，一般右半身为门襟，故女装原型制图时只画右半身。

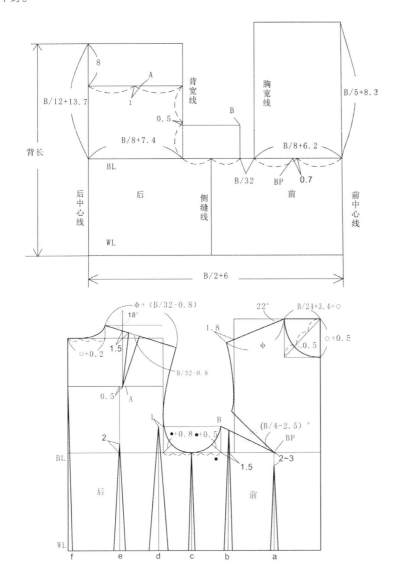

◀ 图7-4　日本新文化式原型

3. 衣身原型的修正，见图7-5

合并后肩胛骨省道，修正领口与袖窿曲线，使之圆顺。

合并前胸省，修正前袖窿曲线，使之圆顺。

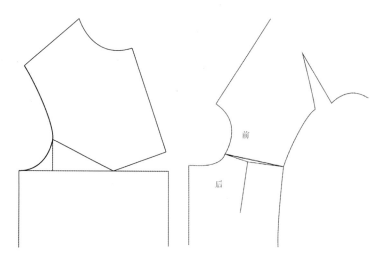

▲ 图7-5 衣身原型修正图

二、省缝转移原理与方法

（一）常用胸省位置，见图7-6

前片的省道围绕BP点，360°方向都可以转移，省道的度数相同，所塑造的立体效果也相同。

（1）领省，一般位置在前领口弧线的1/3~1/2左右，常用于女西服。

（2）肩省，是女上衣常用的收省位置和分割线的位置，一般距肩颈点3~4cm至1/2左右位置。

（3）袖窿省，在袖窿深的1/2或以下位置，是公主线分割的起点。

（4）腋下省，又称侧缝省、横省，可设置在胸围线以下侧缝线上，是女衬衫、连衣裙常用的收省位置。

（5）肋省，同腋下省。

（6）腰省，一般设置在通过BP点的垂直线上，其功能不只是解决BP点的突出，同时还处理上衣的胸腰差。

（7）斜腰省，同腰省。

（8）前中心省，一般设置在通过BP点的水平线上，常用于礼服、时装款式的设计及衬里的收省位置。

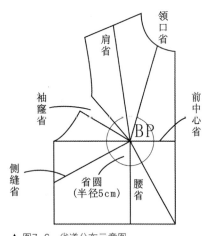

▲ 图7-6 省道分布示意图

（二）省缝转移应用设计

1. 原型省分解转移法

（1）原型省分解为撇胸与腰省，①以BP点为圆心，逆时针转动原型，使前领点向后移动1~1.5cm，这是正常体的撇胸量，这时原型A点移到B点。②继续转动合并原型省，使原型的a点转移到b点，省尖点距BP点2~3cm，见图7-7。

（2）原型省转为腰省，见图7-8。

（3）原型省转为腋下省，见图7-9。

（4）原型省转为肩省，见图7-10，图7-11。

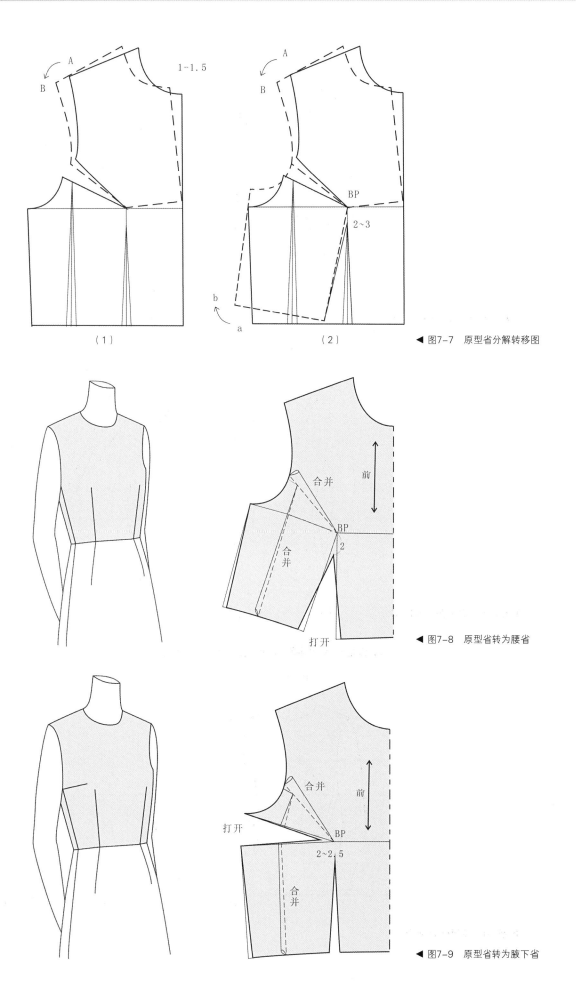

A
B
1-1.5

（1）

A
B
BP
2~3
b
a

（2）

◀ 图7-7　原型省分解转移图

合并
前
BP
2
合并
打开

◀ 图7-8　原型省转为腰省

合并
前
打开
BP
2~2.5
合并

◀ 图7-9　原型省转为腋下省

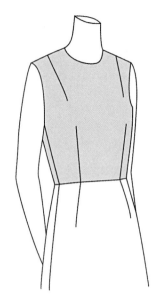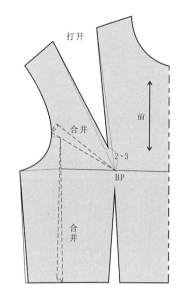

▶ 图7-10 原型省转为肩省

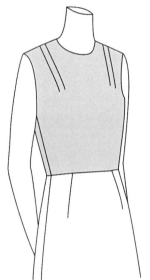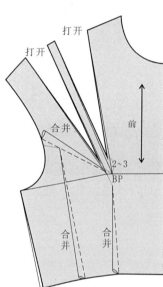

▶ 图7-11 原型省转为双肩省

（5）原型省转为侧缝省，见图7-12，图7-13。

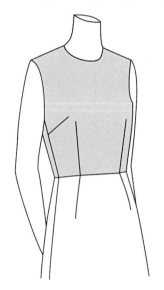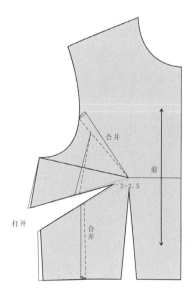

▶ 图7-12 原型省转为侧缝省

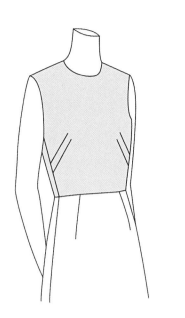

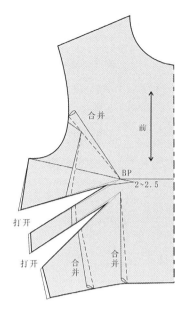

◀ 图7-13 原型省转为双侧缝省

（6）原型省转为领口省，见图7-14，图7-15。

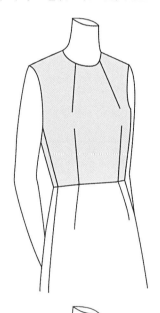

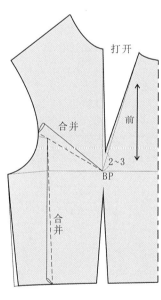

◀ 图7-14 原型省转为领口省1

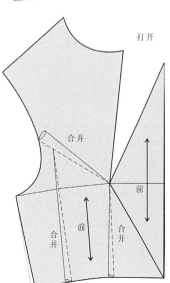

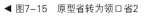

◀ 图7-15 原型省转为领口省2

（7）原型省转为前中心褶，见图7-16。

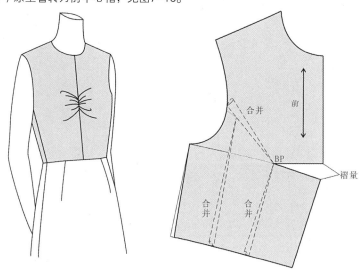

▶ 图7-16　原型省转为前中心褶

2. 连省成缝设计

连省成缝设计是指把两个省缝连接起来形成一条分割线，俗称断刀工艺，它是构成服装造型变化的重要手段之一。断开线既是结构线又是装饰线，刀背缝公主线则是典型的连省成缝的例子，见图7-17。

领口省与腰省连省成缝，见图7-18。

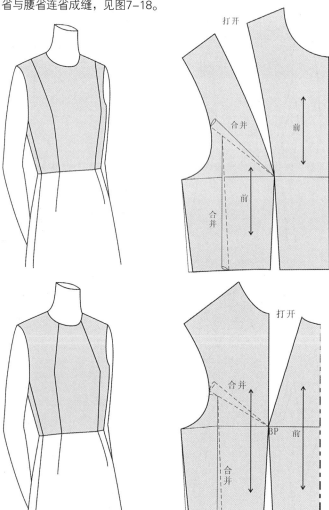

▶ 图7-17　肩省与腰省连省成缝设计

▶ 图7-18　领口省与腰省连省成缝设计

3. 原型省的变化设计

（1）领口省的变化设计1，见图7-19。

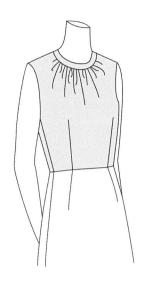

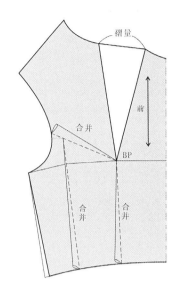

◀ 图7-19　领口省变化设计1

（2）肩省的变化设计1，见图7-20。

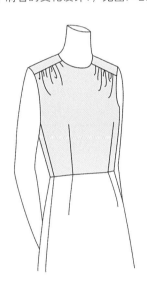

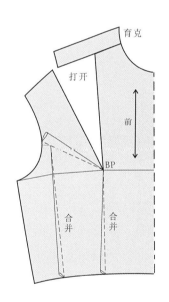

◀ 图7-20　肩省的变化设计1

（3）前胸省的变化设计，见图7-21。

▼ 图7-21　前胸省的变化设计

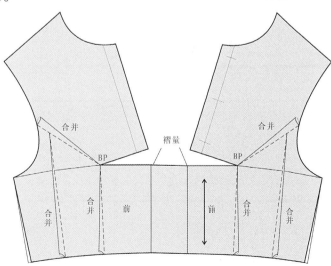

（4）侧缝省的变化设计，见图7-22。

（5）肩省的变化设计2，见图7-23。

（6）领口省的变化设计2，见图7-24。

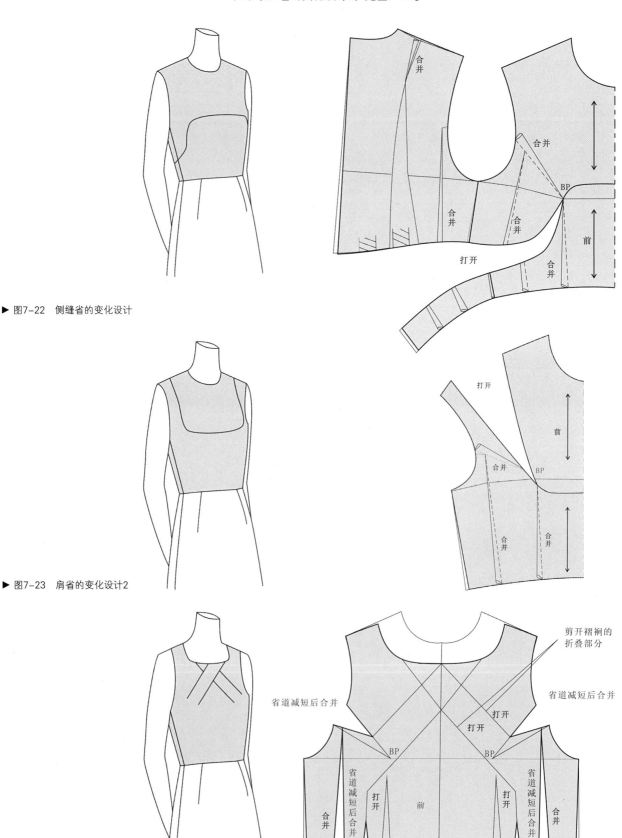

► 图7-22　侧缝省的变化设计

► 图7-23　肩省的变化设计2

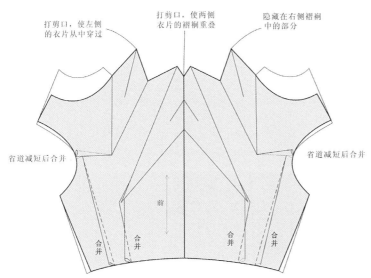

打剪口，使左侧的衣片从中穿过

打剪口，使两侧衣片的褶裥重叠

隐藏在右侧褶裥中的部分

省道减短后合并

省道减短后合并

合并 合并

前

合并 合并

▲ 图7-24 领口省的变化设计2

（7）腰省的变化设计1，见图7-25。

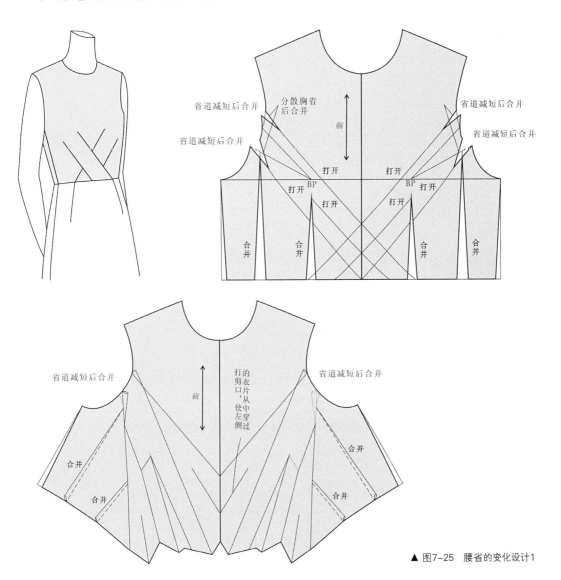

省道减短后合并

分散胸省后合并

省道减短后合并

省道减短后合并

省道减短后合并

前

打开 打开

打开 BP BP 打开

打开 打开

合并 合并 合并 合并

省道减短后合并

省道减短后合并

前

打的剪口，使左侧衣片从中穿过

合并

合并

合并

合并

▲ 图7-25 腰省的变化设计1

（8）肩省的变化设计3，见图7-26。

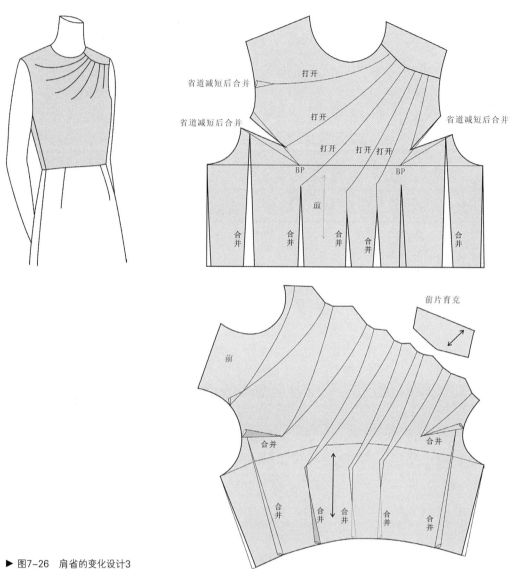

▶图7-26　肩省的变化设计3

（9）前中心省与侧缝省的变化设计，见图7-27。

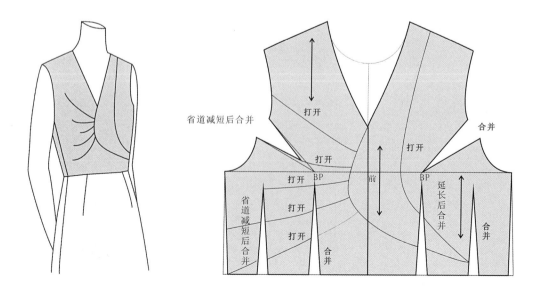

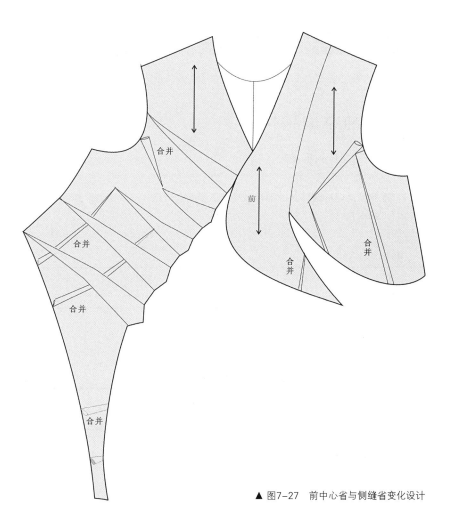

▲ 图7-27　前中心省与侧缝省变化设计

（10）腰省的变化设计2，见图7-28。

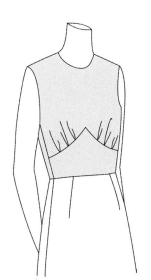

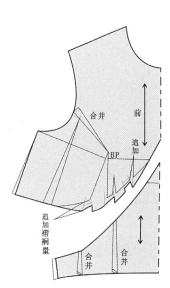

▲ 图7-28　腰省的变化设计2

第八章　衣袖结构设计

一、女袖原型结构

（一）制图规格

衣袖原型是以袖窿弧长、袖长尺寸为主要制图依据，其规格选取如下。

（1）规格尺寸。

号型160/84A　　　　　　　　　　　　　　　　　　单位：cm

部位	袖长	AH	前AH	后AH
尺寸	52	42	20.5	21.5

（2）后袖山辅助线的修正，见表8-1。

表8-1　后袖山辅助线中的△的值　　　　　　　　　单位：cm

B	77~84	85~89	90~94	95~99	100~104
△	0.0	0.1	0.2	0.3	0.4

（3）袖山的缩缝量。袖山弧线比袖窿弧线长7%~8%，是缩缝量，为装袖所留，使衣袖外形富有立体感。

（二）制图方法一

比例式，见图8-1。

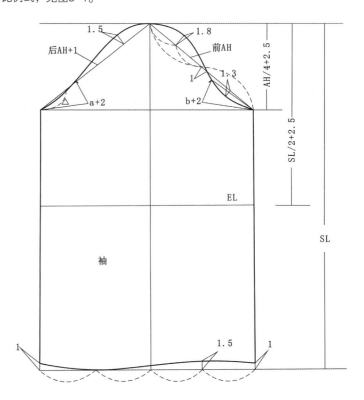

▶ 图8-1　袖原型结构图（方法一）

（1）袖深线，作纵横互相垂直的两条直线，其中竖线为袖中线，横线为袖深线。然后从两条线的交点向上量取AH/4+2.5（14cm）为袖山顶点。

（2）袖长线，从袖顶点向下量取SL（52cm）画袖深线的平行线。

（3）袖肘线，从袖顶点向下量取SL/2+2.5（28.5cm）画袖深线的平行线。

（4）袖斜线，从袖顶点分别向左右侧量取后AH＋1和前AH交于袖深线，并确定前、后袖肥。

（5）袖缝线，过前后袖肥点作袖中线的平行线。

（6）袖山曲线，按前、后袖斜线的等分点及过等分点的定数确定袖山曲线的凹凸点，连接各点画顺袖山曲线。

（7）袖口线，前袖肥中点处凸起1.5cm，两条袖缝线上提1crn，最低点位于后袖肥的中点处，将各点连接并画顺曲线。

（8）对位标记，按图8-1所示的袖窿对位标记所对应的弧长a与b确定袖山曲线上的对位标记，均有0.2cm的吃势。

（三）制图方法二

原型法，见图8-2。

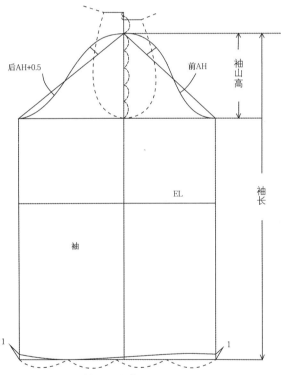

▲ 图8-2　袖原型结构图（方法二）

二、女袖原型的结构变化

（一）一片袖的结构变化

1. 纵向袖肘省

从袖中线与袖口线交点向右量2cm，从该点右量1/2袖口－1cm，再左量袖口/2＋1＋省大。省尖指向肘凸点，见图8-3。利用纵向袖肘省去掉袖口多余的部分，达到合体的目的。

2. 横向袖肘省

利用剪叠法，在后袖缝与肘围线交点下1cm至后肘肥的中点剪开纸样，将纵向袖肘省合并，在剪开处自然分开，分开量则为袖肘省量，见图8-4。

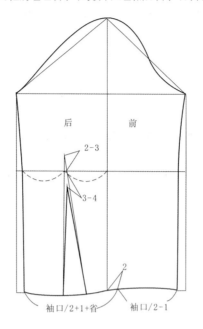

▲ 图8-3 纵向袖肘省   ▲ 图8-4 横向袖肘省

（二）一片袖转化为二片袖

在袖原型的基础上设计前后两条分割线，使一片袖变为二片袖，同时利用分割线把多余的部分去掉，袖片不但符合人体手臂的形状，而且更加美观。制图要点，见图8-5。

（1）先确定前后袖肥的中点，过中点作竖线，为前后基础线。然后根据基础线作前偏袖线，定袖口大，再作后偏袖线。

（2）以前后偏袖线为准，大袖借多少，小袖少多少，做出前后袖缝线。同时将袖山曲线也分成两部分，袖山顶点加出1~2cm。

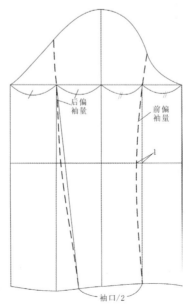
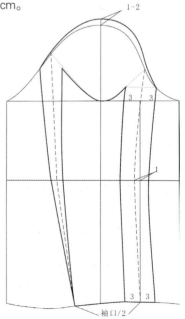

▲ 图8-5 一片袖转化为二片袖

（三）一片袖转化为插肩袖

　　插肩袖是一种借肩设计的袖型，被广泛应用于各种服装，它可以是一片插肩袖，也可以是二片插肩袖，后者更适体。制图要点，见图8-6。

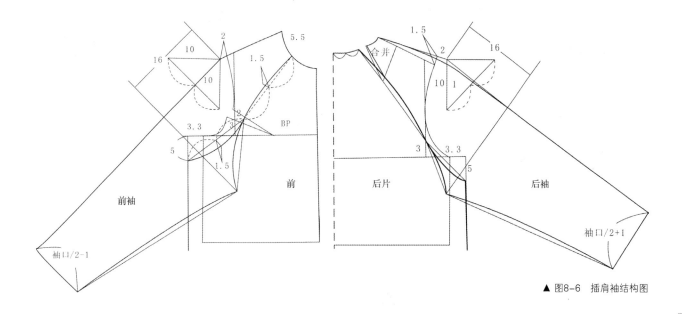

▲ 图8-6　插肩袖结构图

　　（1）袖中线倾斜角度，利用肩端点的等腰直角三角形的高确定袖中线的倾斜角度，一般45°是最佳值。也可根据服装的合体程度确定其角度，范围在35°~60°。

　　（2）袖深，一般按二片袖袖深，也可适当加深些，从肩端点沿袖中线量起。若有肩厚份的话从肩厚份量起，并作袖中线的垂线。

　　（3）袖肥，以定位标记点（或附近点）为准，量取到衣片侧缝点（袖窿深点）的距离，并以相同的距离量取到袖深线上定袖肥。

　　（4）分割线，分割线可设计成斜线、横线、曲线等形状，应根据款式要求确定。在分割线上确定定位标记，它是上下弧线的分界点，上部分身袖共用，下部分身袖分开，但应满足到袖窿与到侧缝的弧长相等。

　　（5）相关结构线的吻合，相关结构线有前后侧缝线、前后袖中线、前后袖缝线，它们所对应的长度要相等。后小肩缝可比前小肩缝长0.5cm左右，肩背省可移至分割线中。

　　（6）袖口，袖口线应与袖中线垂直，前袖口等于或略小于后袖口。

三、袖山高与绱袖角度的变化关系

　　手臂侧抬起到一定程度使袖子呈现漂亮的状态，手臂与垂直方向的夹角，在设计袖子纸样过程中，应先决定绱袖角度，然后考虑袖山高。如图8-7（1）、（2）所示。

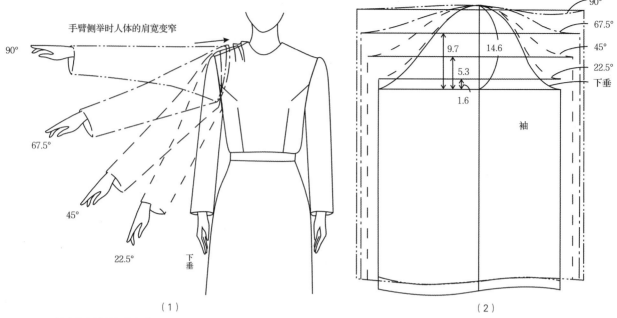

手臂侧举时人体的肩宽变窄

90°

67.5°

45°

22.5°

下垂

90°

67.5°

45°

22.5°

下垂

9.7　14.6

5.3

1.6

袖

（1）　　　　　　　　　　　　（2）

▲ 图8-7　袖山高与绱袖角度变化1

四、褶裥袖山

（一）袖山加入褶裥，但不增加臂处的袖肥

袖山加入褶裥，但不增加臂处的袖肥，见图8-8。

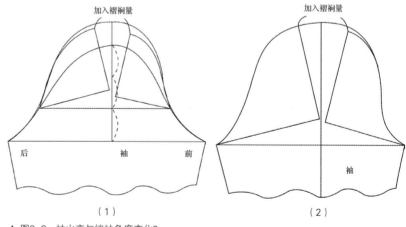

加入褶裥量

加入褶裥量

后　　袖　　前

袖

（1）　　　　　　　　　　　　（2）

▲ 图8-8　袖山高与绱袖角度变化2

（二）袖山丰满，袖口收窄的褶裥袖

袖山丰满，袖口收窄的褶裥袖，见图8-9（1）。

（三）袖山丰满，袖口增加褶量的褶裥袖

袖山丰满，袖口增加褶量的褶裥袖，见图8-9（2）。

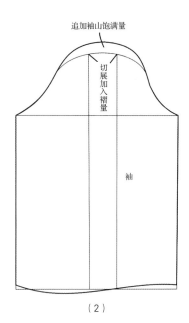

▲ 图8-9 袖山与袖口变化

第九章　衣领结构设计

一、关闭领结构设计

（一）内倾式立领

内倾式立领的领宽一般为2.5~6cm。由于在领前设置了2~3.5cm的翘势，使领上口线的长度变短，与颈部之间的空隙减小，穿着合体，视觉美感较强。衣领的贴体度将随着领前翘势数值改变而改变，当翘势增大到3.5cm以上时，颈部的活动就会受到影响。另外，也可利用折叠纸样的方法调整领上口线长度的变化。内倾式立领是旗袍、女士礼服、便服等华服常采用的一类领型，其结构见图9-1。

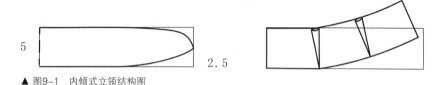

▲ 图9-1　内倾式立领结构图

（二）外倾式立领

外倾式立领的领宽根据服装款式的不同一般定在7cm以上，同时设置3cm以上的领后翘势，领上口线的长度变长使衣领远离颈部，穿着不合体，但是却满足了款式造型的视觉美感需求。在结构处理也可以采用剪开放出法调整领上口线的长度。外倾式立领又叫凤仙领，常用在晚装、表演装等时装的造型设计中，其结构见图9-2。

当外倾式立领的领宽较大时，领后翘势也应大些，领上口线与领下口线的差数也较大。如果领后翘势过大，领片就不能站立在衣身领口上而变成低领座连翻领或领口装饰领覆在肩上。因此，在外倾式立领的结构设计中，准确确定领后翘势尤其重要。当领宽较大或者服装面料的质地较软时，还应进行科学、合理的工艺设计。

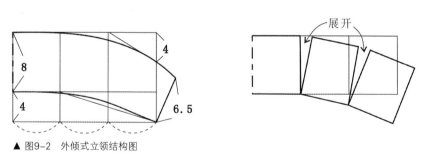

▲ 图9-2　外倾式立领结构图

（三）连身立领

连身立领是衣身与衣领连在一起的领型。它的制图要点：首先确定好立领的高度，然后在前后领点、肩领点加出其高度，其中前后肩领点有一定的倾斜度。然后利用剪叠法将后衣片的肩背省、前衣片的腋下省转移至前后领省，并将领省做出菱形，省缝的最宽处设置在领口线上，其结构见图9-3。

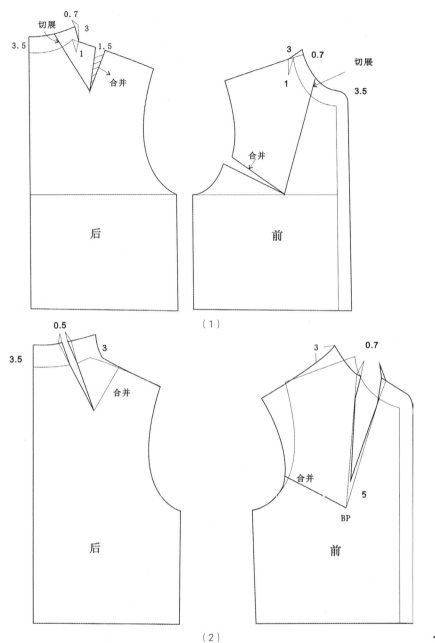

（1）

（2）

◀ 图9-3　连身立领结构

二、驳领结构设计

（一）驳领结构设计方法一，见图9-4

（1）首先将原型作出撇胸，即从前中心线的胸围线处剪开到BP点，在前颈点处与做出撇势为0.7cm,合并胸省量。

（2）在前领口宽点，沿肩线向前2.5cm取点，即为领基点，与翻折点连线，画出驳口线，通过前领宽点画一条与驳口线平行的线，即为领口宽线，根据驳头款式画出串口线。

（3）在驳口线与串口线之间截取驳头宽。从颈侧点画出一条线与驳口线平行，在此线上去后领口尺寸，成为绱领线。这条线比实际的领口弧线尺寸稍短，绱领线时在颈侧点附近将领子稍微吃缝。为了得到领口外口线的必要尺寸，将绱领线倒伏3cm，这个量称作放倒尺寸（倒伏量），多出的领外口长度可以使领子服帖。

（4）在后中心线，与倒伏后的绱领线垂直画线，取后低领宽和后翻领宽，并画翻领。直角要用直角尺准确地画出。后低领宽取3cm，比前低领宽多0.5~0.8cm，画出领子的翻折线，同时应自然过渡到驳口线上。后翻领比底领宽1cm，目的是要盖住绱领线。

（5）在串口线上，从驳头尖点沿着串口线取4cm，确定绱领止点。过这个点画垂线，取前领宽4cm，向下1cm的位置是领尖点。画翻领的外口线。最后，将绱领线和翻领线修正为圆顺的线条。

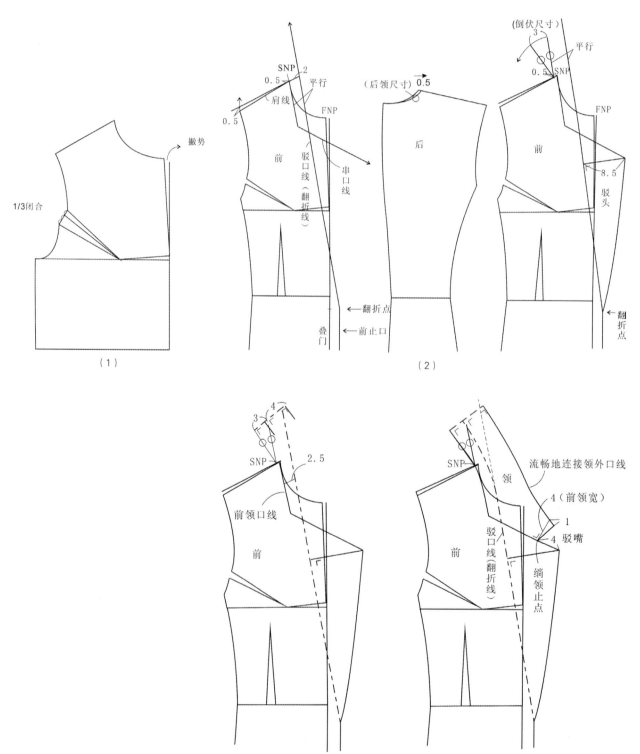

▲ 图9-4　驳领结构设计方法一

（二）驳领结构设计方法二，见图9-5

在前身驳口线的内侧，预设驳头和领子的形状，在后身也预定低领和领款，画出领子的形状，估计出领外口尺寸。

（1）沿着驳口线对称翻转，画出前领形状。

（2）前后领在颈侧点对合。

（3）压住颈侧点，展开领外口到所需的尺寸。

（4）前后领用圆顺的线条连接。

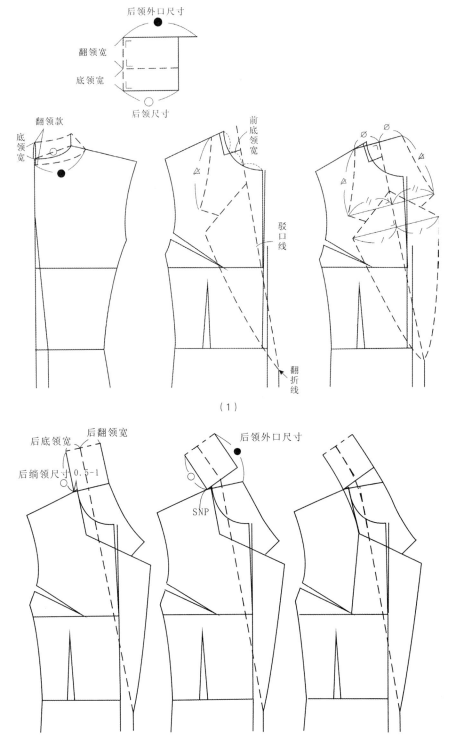

（1）

（2）

【练一练】

按教材款式，用1：1与1：5的比例，完成领子结构制图各一张。

【知识拓展】

衣帽领的结构制图，见图9-6。

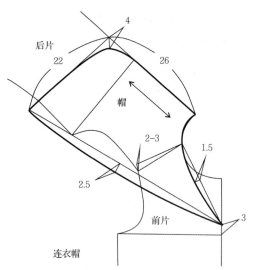

▲ 图9-6　衣帽领的结构图

三、垂褶领

垂褶领也是无领的一种装饰领款，因衣领自然下垂形成垂褶而得名。这种领款适合选择柔软、下垂感强的面料制作，衣领的部分用料可以自带，也可以另上。

制图要点，见图9-7。

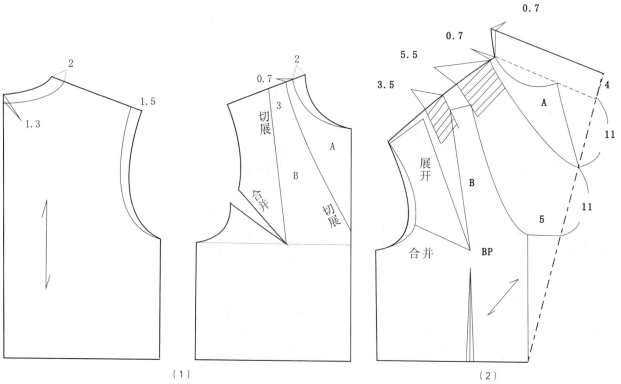

▲ 图9-7　垂褶领结构图

（1）将前后领宽分别加大2cm，后领深开1.3cm，画顺领口线。如果另上衣领则应画出V形领口。

（2）按款式图设计剪切线，把原型分成A、B两部分。

（3）将袖隆省转移成肩省的同时，将图中A向上移动放出褶量。重新连接小肩线，并使领宽加大。

（4）领前中心处最好选择斜纱面料，以保证垂褶的最佳造型效果。

四、两用立领

两用立领是关闭和敞开两用的领型，既突出了立领简洁的造型特点，又具有驳领潇洒美观的效果，适合春秋冬季的休闲装。两用立领的造型丰富，但领宽较大是它们共同的结构特点，因此为穿着时不影响下巴的活动，领口深开得较大。

制图要点，见图9-8。

（1）如图9-8（1）所示，确定领宽点A、领上口线基点B（AB间距6cm）；领深点K，深开4cm。

（2）以5cm搭门宽画止口线，其顶点I高于领弧线6cm（衣领的宽度）。连BK直线，使AD平行于BK。A点为圆心，AD长（后领弧长+1）为半径，向后旋转弦长6cm得点E。

（3）如图9-8（2）所示画顺领样轮廓线。

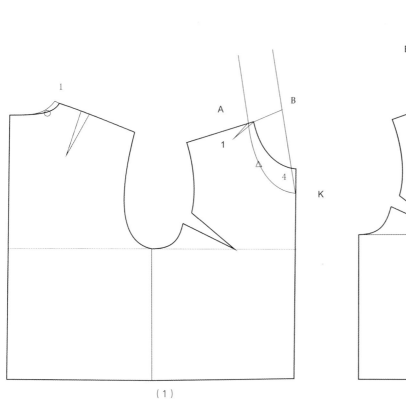

（1）

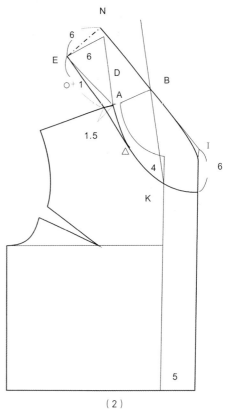

（2）

▲ 图9-8 两用立领结构图

五、青果领

青果领的领角与衣身驳头连成一体，是驳领的特殊领型结构。

制图要点，见图9-9。

（1）当翻领部分不是很宽时，挂面与领面可以全部连在一起裁下。

（2）当翻领部分较宽时，衣领下口有一个部分与衣片的颈肩点部位重合在一起。重合1.5cm以上时，则应采用特殊的结构处理。将挂面上重叠的部分剪去，然后将剪去的部分与后领下口面的贴边一起裁下，缝制时再与衣领拼缝在一起。

（3）在实际裁剪时，要注意正确选用领面与挂面的面料纱向。

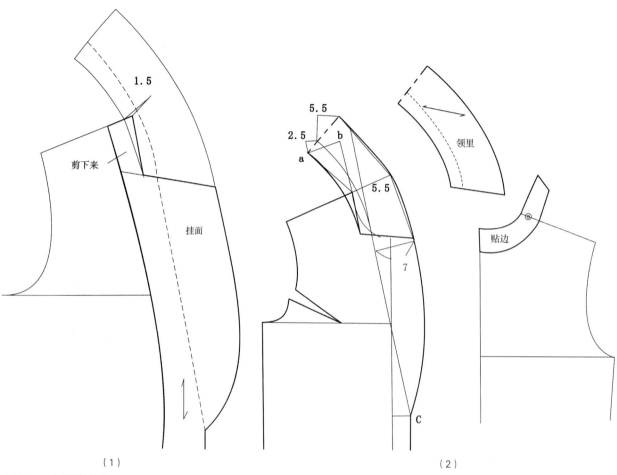

（1）　　　　　　　　　　　　　　（2）

▲ 图9-9　青果领结构图

第十章 比例式剪裁法实例

一、女衬衫结构制图

1. 款式特点及外形图

领型为小方（圆）领，前片收横省、前后片收腰省，前中开襟钉纽5粒，前后片腰节处略吸腰，袖型为一片式长袖，袖口直叉条、装袖头，袖头上钉纽1粒。适身合体，简洁大方，对中青年女性尤为适宜，见图10-1。

2. 测量方法及要点

（1）衣长，由颈肩点通过胸部最高点，向下量到虎口手腕的1/2处。

（2）胸围，腋下通过胸围最丰满处，水平围量一周，加放8~10cm。

（3）颈围，颈中最细处，围量一周，然后加放2~3cm。

（4）腰节长的测量，一般通过实际测量获得，从颈肩点起经过胸高点，量到腰的最细处，也可按身高（号）的1/4计算。

（5）总肩宽：从后背左肩端点量至右肩端点，加放0~1cm。

（6）袖长：肩端点向下量至手腕到虎口的2/3处。

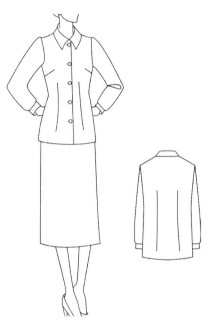

▲ 图10-1 女衬衫款式图

3. 制图规格，见表10-1

表10-1 女衬衫制图规格　　　　　单位：cm

号/型	部位名称	衣长	胸围	领围	肩宽	袖长	前腰节长
	部位代号	L	B	N	S	SL	FWL
160/84A	净体尺寸		84	35	39		39
	加放尺寸		12	3	1		
	成品尺寸	64	96	38	40	54	39

4. 女衬衫前后衣片、袖片、领片结构制图

（1）前衣片框架，见图10-2。

① 前中线（止口线），首先画出基础直线，预留挂面宽6cm。

② 底边线，作一直线与前中线垂直。

③ 上平线，从底边线向上量衣长64cm，作一直线与前中线垂直。

④ 落肩线，从上平线向下量B/20=4.8cm。

⑤ 胸围线，从落肩线向下量B/10+9cm=18.6cm。

⑥ 腰节线，从上平线量下前腰节长39cm。

⑦ 领口深线，由上平线量下N/5。

⑧ 叠门线，从止口线量进2cm。

⑨ 领口宽线，从叠门线量进N/5-0.3=7.3cm。

⑩ 前肩宽，从叠门线量进S/2-0.7cm=19.3cm。

⑪ 前胸宽，从叠门线量进1.5B/10+3cm=17.4cm，从袖窿深2/3处量出。

⑫ 前胸围大，从叠门线量进B/4=24cm，作一直线与叠门线平行，在胸围线上提高2.5cm。

（2）前衣片弧线及内部结构制图，见图10-2。

① 领口弧线，见图10-2弧线画顺。

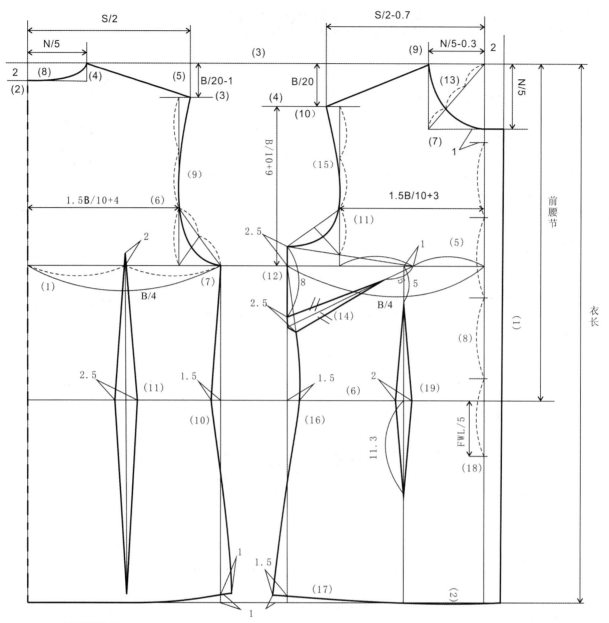

▲ 图10-2　女衬衫结构图

②横省，在胸围线上取前胸宽的中点，与胸围线抬高2.5cm 处相连，从该点量下8cm为横省位置，省大2.5cm，省长距胸宽中点5cm。

③袖窿弧线，由肩端点经胸宽点至胸围线抬高处，用弧线画顺。

④摆缝线，按前胸围大在腰节处凹进1.5cm，下摆放出1.5cm，起翘1cm，用弧线画顺。

⑤底边弧线，由下摆放出至止口线，用弧线画顺。

⑥口眼位，在叠门线上，第一扣眼位距领口深线1cm，末在腰节线以下，前腰节长/5=7.6cm，五只扣眼四等分。

⑦前腰省，从叠门线量进，前胸宽的1/2+0.7cm，画与叠门线平行的直线，上省尖离胸围线下5cm，下省尖离腰节线下11.3cm，省肚大2cm。

（3）后衣片框架图，见图10-2。上平线、底边线、胸围线、腰节线均由前衣片延长。

①背中线，垂直相交于上平线和底边线。

②领口深线，由上平线量下，定数2cm。

③ 落肩线，由上平线量下位B/20-1=3.8cm。

④ 领口宽线，从背中线量出N/5-0.5cm=7.1cm。

⑤ 后肩宽，从背中线量进S/2=20cm，与肩颈点相连为肩斜线。

⑥ 后背宽，从背中线量进1.5B/+4=18.4cm，在袖窿深2/3处量出，作一直线与背中线平行。

⑦ 后胸围大，从背中线量进B/4=24cm，作一直线与背中线平行。

（4）后衣片弧线及内部结构制图见图10-2。

① 领口弧线，由领口宽的1/3起至肩颈点，用弧线画顺。

② 袖窿弧线，由肩端点起，经过背宽点至后胸围大，用弧线画顺。

③ 摆缝线，按后胸围大在腰节处凹进1.5cm，下摆放出1cm，底边与前片起翘并齐。

④ 腰省，取后背宽的1/2，画与背中线平行的直线，省尖上至胸围线提高2cm，省肚大2.5cm，通底。

（5）长袖袖片框架制图，见图10-3。

① 袖中线，与布边平行。

② 上平线，与袖中线垂直。

③ 袖口线，从上平线量下等于袖长。

④ 袖山深线，从上平线量下B/10+1.5cm。

⑤ 前袖斜线，由袖山中点量出AH/2与袖山深线一直线与袖中线平行。

⑥ 后袖斜线，由袖山中点量出AH/2+0.5cm与袖山深线相交，作一直线与袖中线平行。

⑦ 袖山弧线，用弧线画顺。

⑧ 袖底缝线，前后袖口取袖肥的3/4与前后袖肥大相连。

⑨ 袖口缝弧线，前袖口中间凹进0.3cm，后袖口中间凸出0.5cm，用弧线画顺。

⑩ 袖衩，位置在后袖口大中间，袖衩长8cm。

⑪ 袖头，长B/5+2=21.2cm，宽4cm。

（6）长袖片弧线及内部结构制图，见图10-3。

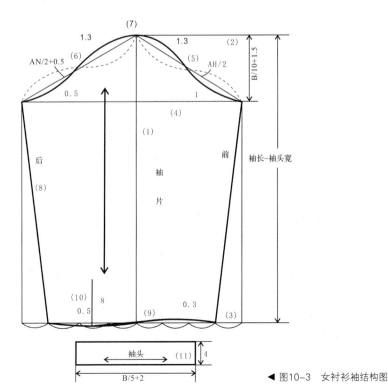

◀ 图10-3 女衬衫袖结构图

（7）领结构制图，见图10-4。

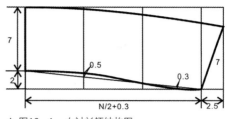

▲ 图10-4　女衬衫领结构图

二、男衬衫结构制图

1. 款式特点及外形图

领型为男式衬衫领，前中开襟，单排扣，钉纽6粒，左前片设一胸贴袋，后片装过肩，平下摆，侧缝直腰型，袖型为一片袖，袖口收褶裥2个，袖口装袖头，袖头上钉纽1粒。袖子做暗包缝，袖底和摆缝做明包缝，见图10-5。

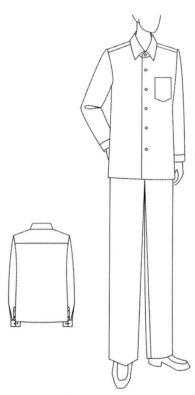

▲ 图10-5　男衬衫款式图

2. 制图规格，见表10-2。

表10-2　男衬衫制图规格　　　　单位：cm

号/型	部位名称	衣长	胸围	领围	肩宽	袖长	前腰节长
	部位代号	L	B	N	S	SL	FWL
170/88A	净体尺寸		88	36.8	43.6		
	加放尺寸		22	2.2	2.4		
	成品尺寸	71	110	39	46	59.5	42.5

3. 结构制图，见图10-6

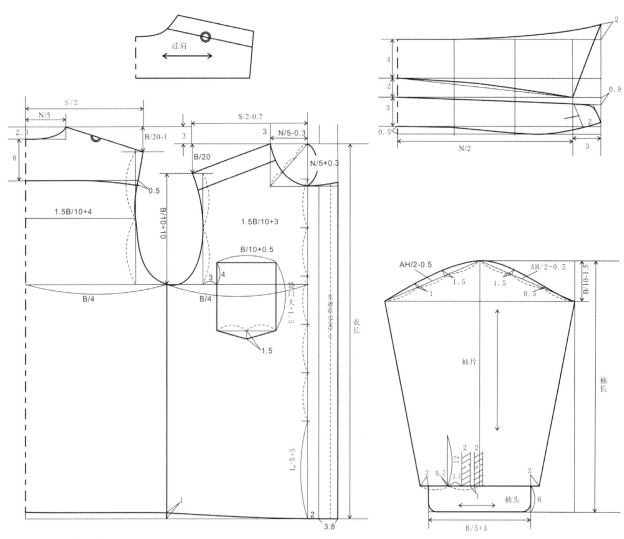

▲ 图10-6 男衬衫结构图

4. 男衬衫放缝图，见图10-7

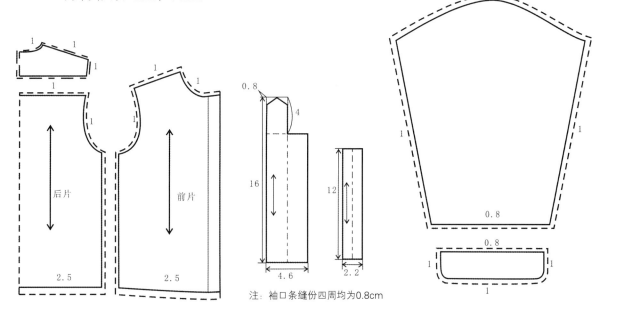

注：袖口条缝份四周均为0.8cm

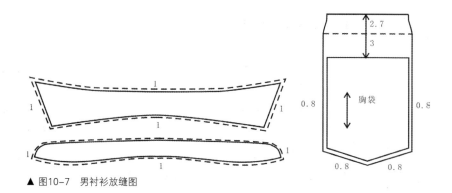

▲ 图10-7　男衬衫放缝图

5. 男衬衫排料图，见图10-8

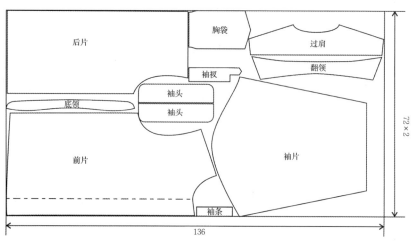

▲ 图10-8　男衬衫排料图

三、旗袍结构制图

　　旗袍，原指我国满族妇女穿着的一种长袍。是一种内与外和谐统一的典型民族服装，被誉为中华服饰文化的代表。如今所见的旗袍较前已有了很大的改进，它以其流动的旋律、潇洒的画意与浓郁的诗情，表现出中华女性贤淑、典雅、温柔、清丽的性情与气质。

1. 款式特点及外形图

　　旗袍款式为常见的立领、斜开襟长袖旗袍，见图10-9。前后片中心线不分割，前片侧缝及腰部收省，后片肩及腰部收省，两侧开叉较高。袖子为一片袖，袖山较高，袖子较瘦，袖口向前偏，在后袖缝线肘部收一只省。

2. 制图规格，见表10-3

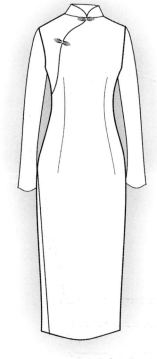

▲ 图10-9　旗袍款式图

表10-3　旗袍制图规格　　　　　　　　　　　单位：cm

号/型	部位名称	衣长	胸围	腰围	领围	肩宽	袖长	前AH/后AH	前腰节长
	部位代号	L	B	W	N	S	SL		FWL
160/84A	净体尺寸		84		36	39			39
	加放尺寸		12		2				
	成品尺寸	115	96	72	38	39	53	22/24	39

3. 制图要点，见图10-10

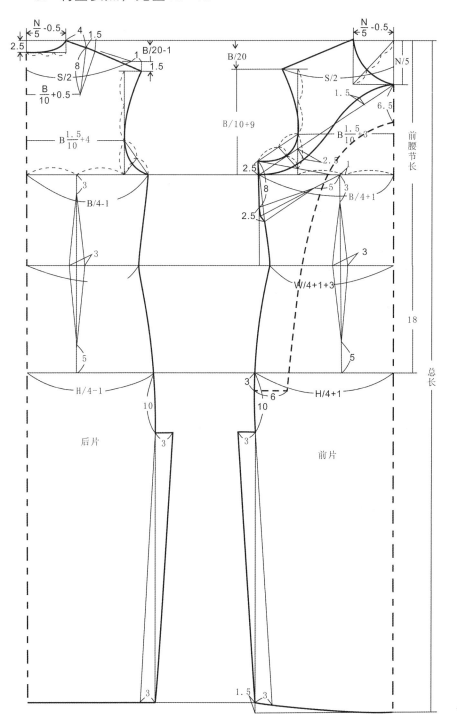

▲ 图10-10　旗袍衣身结构制图

（1）前衣片。

① 前中心线，与布边平行。

② 底边线，与前中心线垂直。

③ 上平线，底边线上量总长115cm。

④ 领口深线，上平线下量定数N/5 = 7.6cm。

⑤ 落肩线，上平线下量B/20 = 4.6cm。

⑥ 胸围线，落肩线下量B/10 + 9 = 18.2cm。

⑦ 腰节线，上平线下量前腰节长39cm。

⑧ 臀围线，腰节线下量18cm。

⑨ 领口宽线，前中心线左量N/5－0.5＝7.1cm。

⑩ 前肩宽，前中心线左量 S/2＝19.5cm，与肩颈点相连为肩斜线。

⑪ 前胸宽，前中心线左量B1.5/10＋3＝16.8cm，在袖窿深的2/3处量起。

⑫ 前胸围大，前中心线左量B/4+1＝24cm。

⑬ 前腰围大，前中心线左量W/4+1＋3（省量）＝22cm，作一直线与胸围线垂直。

⑭ 前臀围大，前中心线左量H/4+1＝25cm。

⑮ 领口弧线，肩颈点与前中心点相连，凹势1/3处，用弧线画顺。

⑯ 袖窿弧线，由肩端点经胸宽点至胸围线提高处，用弧线画顺。

⑰ 横省，在胸围线上取前胸宽的中点偏左1cm，与胸围线抬高2.5cm处相连，从该点量下8cm为横省位置，省大2.5cm，省长距胸宽中点偏左1cm处5cm。

⑱ 摆缝线，前胸围大点下落1.5cm，经前腰围大点与前臀围大点，及下摆收进3cm抬高1.5cm，用弧线画顺。

⑲ 底边弧线，由下摆放出处至前中心线，用弧线画顺。

⑳ 侧开衩，臀围下10cm点至底边为衩高，衩宽3cm。

㉑ 腰省，过前胸宽的中点偏左1cm，作一直线与前中心线平行腰省大3cm，上端距胸围线3cm，下端距臀围线5cm。

㉒ 大襟弧线，前领中心点与胸围大点相连，作为前身大襟辅助线，上端外凸1.5cm，下端在与前胸宽交点处下凹2.5cm，用弧线画顺。

㉓ 底襟，领下宽6.5cm，依照大襟弧线自然画平行圆顺至臀下3cm，宽6cm。

（2）后衣片。上平线、胸围线、腰节线、臀围线、按前衣片延长，底边线抬高1.5cm按前衣片延长。

① 背中基础线，与底边线垂直。

② 领口深线，定数2.5cm，由上平线量下。

③ 落肩线，由上平线量下，B/20 －1＝3.6cm。

④ 领口宽线，背中线右量N/5－0.5＝7.1cm。

⑤ 后肩斜线，背中线右量S/2＝19.5cm，与落肩线相交，外出1cm，下落1.5cm，与肩颈点相连。

⑥ 后背宽，背中线右量，B1.5/10+4＝17.8cm，在袖窿深的1/2处量起。

⑦ 后围大，背中线右量B/4－1＝22cm。

⑧ 后腰围大，背中线进1.5cm右量　　　　W/4－1+3（省）＝20cm。

⑨ 后臀围大，背中线右量H/4－1＝23cm，作一直线与底边线垂直。

⑩ 领口弧线，由领口宽的1/3起至肩颈点，用弧线画顺。

⑪ 袖窿弧线，由肩袖点经背宽点至后胸围大点，用弧线画顺。凹势为中点对角线的2/3处。

⑫ 摆缝线，后胸围大点经腰围大点与前臀围大点，及下摆收进3cm，用弧线画顺。

⑬ 肩省，在肩斜线上距肩颈点4cm，省大1.5cm，省长8cm，省尖位置距背中线B/10＋0.5＝9.7cm。

⑭ 腰省，过后胸宽的中点，作一直线与背中线平行。腰省大3cm，上端距胸宽中点3cm，下端距臀围线5cm。

⑮ 开衩，臀围下10cm点起至底边线为衩高，衩宽3cm。

（3）袖片结构制图，见图10－11。

① 袖中线，与布边平行。

② 上平线，与袖中线垂直。

③ 袖口缝线，上平线向下量袖长＝53cm，与袖中线垂直。

④ 袖肥线，上平线向下量 B/10＋4＝13.2cm，与袖中线垂直。

⑤ 袖肘线，上平线向下量 袖长/2＋2＝28.5cm。

⑥ 前袖斜线，由袖山中点量出前AH＝22cm与袖肥线相交，作一直线与袖中线平行。

⑦ 后袖斜线，由袖山中点量出后AH＋0.5＝24.5cm与袖肥线相交，作一直线与袖中线平行。

⑧ 袖口大，在袖口线处，袖中线端点右移2cm为袖口中点，向前后分别量取袖口大13cm，后端下落1.5cm，用弧线画顺。

⑨ 前袖缝弧线，前袖口端点与前袖肥大点相连。

⑩ 后袖缝弧线，后袖口端点与后袖肥大点相连。

⑪ 袖山弧线，根据前后袖斜线均二等分，由后至前各等分胖势为：内凹1cm，外凸1.5cm；外凸1.3cm，内凹1.5cm，用弧线画顺。

⑫ 袖肘省，后袖缝弧线上，距袖肘线交点2cm，省大1.5cm，省长为与后袖肘线中点的连线长。

（4）领子结构制图，见图10-12。

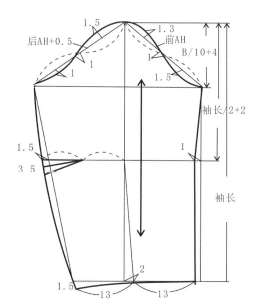

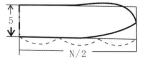

▲ 图10-11　旗袍袖片结构图　　　　　　▲ 图10-12　旗袍领子结构图

4. 制图说明

（1）旗袍的衣片为四开身结构，制图方法与连衣裙基本相同。

（2）前片上身采用右侧斜襟分割，结构图中虚线为小襟，小襟收省与大襟相同，领中及开襟处钉中式纽。

（3）底边、上领口、袖口及开衩部位如采用滚边工艺，底边、上领口、袖口不需要放缝，开衩量也不需要放出。

【知识拓展】

旗袍是清代的旗人之袍，诞生于20世纪初期，盛行于30~40年代，行家把20世纪20年代看作旗袍流行的起点，30年代到了顶峰状态。当时上海是上流名媛、高级交际花的福地，她们热衷于游泳、打高尔夫、骑马、奢华的社交生活和追赶时髦，注定了旗袍的流行。由于上海一直推崇海派的西式生活方式，以至于后来出现了"改良旗袍"，从遮掩身体的曲线到显现玲珑突兀的女性曲线美，使旗袍彻底摆脱了旧有模式，成为中国女性独具民族特色的时装之一。

　　经过20世纪上半叶的演变，旗袍的各种基本特征和组成元素慢慢稳定下来，成为一种经典女装。经典相对稳定，而时装千变万化，时装设计师从经典的宝库寻找灵感，旗袍也是设计师灵感的来源之一。

　　旗袍是近代兴起的中国妇女的传统服装，并非正式的传统民族服装，它既有沧桑变幻的往昔，更拥有焕然一新的现在，旗袍本身就具有一定的历史意义，加之可欣赏度比较高，因而具有一定的收藏价值。现代穿旗袍的女性虽然较少，但现代旗袍中不少地方仍保持了传统韵味，同时又能体现时尚之美。

【练一练】
按1:1比例画出滴水中式立领、短袖旗袍结构图。

四、男西服上衣结构制图

　　西装又称"西服"、"洋装"。西装是一种舶来文化，广义指西式服装，是相对于中式服装而言的欧系服装；狭义指西式上装或西式套装。西装通常是公司企业、政府机关从业人员在较为正式的场合的男士着装首选。西装之所以长盛不衰，很重要的原因是它拥有深厚的文化内涵，主流的西装文化常常被人们打上"有文化、有教养、有绅士风度、有权威感"等标签。

　　西装一直是男性服装王国的宠儿，"西装革履"常用来形容文质彬彬的绅士俊男。西装的主要特点是外观挺括、线条流畅、穿着舒适，若配上领带或领结后，则更显得气质高雅。另外，在日益开放的现代社会，西装作为一种衣着款式也进入到女性服装的行列，体现女性和男士一样的独立、自信，也有人称西装为女人的千变外套。

1. 款式特点及外形图
　　单排扣、平驳领男西服是常见西服基本款式。前衣片大袋为双嵌线有盖开袋，左胸一只手巾袋，门襟单排两粒扣，左驳头有一插花眼，腰节处收胸省及肋省，肋省为通省，圆角下摆，后片中缝开背缝，腰节以下开背衩（也可不开衩）。袖型为圆装袖，袖口处开衩，钉装饰扣各3粒，见图10-13。

2. 测量方法及要点
　（1）衣长，由背部第七颈椎点，量至款式所需长度，衣长适中。
　（2）胸围，因适体要求高，加放松度16~20cm。
　（3）袖长，由肩骨外端顺手臂下量至腕骨以下3~5cm，或虎口上2cm左右。

3. 制图规格

号型170/88A　　　　　　　　　　　　　　　　　　单位：cm

部位	衣长	胸围	肩宽	袖长	前腰节长	AH
规格	72	106	44.6	58.5	42	52

4. 制图要点
　制图要点，见图10-14。
　（1）前衣片。
　①止口线，与布边平行。

▲ 图10-13　男西服款式图

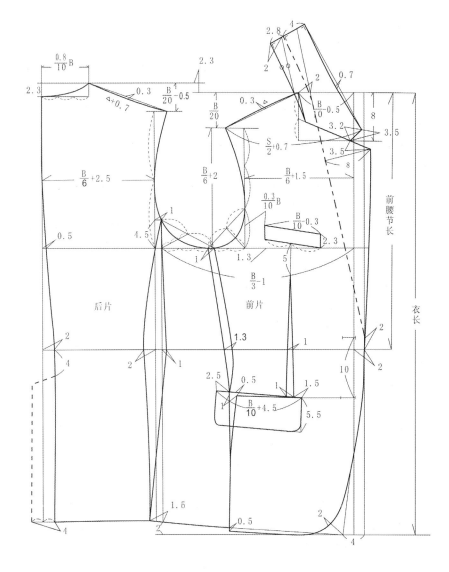

② 底边线，与止口线垂直。

③ 上平线，衣长72cm，与止口线垂直。

④ 落肩线，B/20 = 5.3cm。

⑤ 胸围线，B/6 + 2 = 19.7cm。

⑥ 腰节线，前腰节长42cm。

⑦ 领口深线，定数8cm，或由款式而定。

⑧ 搭门线，搭门宽1.7cm。

⑨ 领口宽线，B/10 − 0.5 = 10.1cm。

⑩ 前肩宽，S/2 + 0.7 = 23cm，与肩颈点相连，中间凸出0.3cm为肩斜线。

⑪ 前胸宽，B/6 + 1.5 = 19.2cm，在袖窿深2/3处量出，作一直线与胸围线垂直。

⑫ 前胸围大，B/3 − 2（前后差）+ 1（省量）= 34.3cm，作一直线与胸围线垂直，在胸围线上提高4.5cm。

⑬ 翻驳点，在止口线上由腰节线提高2cm，与第一扣眼位并齐。

⑭ 领座高2.8cm，翻领宽4cm，领角大3.2cm，驳角大3.5cm。

⑮ 袖窿弧线，由肩端点经胸宽点及袖窿底至胸围线提高4.5cm处，用弧线画顺。

⑯ 侧缝线，按前胸围大在腰节处凹进1cm，下摆放出1.5cm，起翘2cm，用

弧线画顺。

⑰ 底边起翘线，摆缝处起翘2cm与止口线进4cm相连接。

⑱ 扣眼位，在搭门线上，第一扣眼位由胸围线提高2cm，两扣眼相距10cm（末眼距底边可按3/10衣长＋1.5计算）。

⑲ 手巾袋，在胸围线以上，距胸宽线B 0.3/10＝3.2cm，袋口大B/10－0.3＝10.3cm，宽2.3cm，后端起翘1.3cm。

⑳ 腰省，按手巾袋居中，省尖底下5cm，中心线与止口线平行，腰节处及大袋口处省大1cm。

㉑ 大袋位：袋口前端与末眼位并齐，由腰省出1.5cm，后端提高1cm，袋口大B/10＋4.5＝15.1cm，袋盖宽5.5cm。

（2）后衣片，胸围线按前衣片延长，底边线按前衣片起翘线延长，上平线按前片提高2.3cm，腰节线按前片提高0.8cm，前后片摆缝基础线相距1cm。

① 背缝基础线，与底边垂直。

② 落肩线，由上平线量下，B/20-0.5＝4.8cm。

③ 领口深线，由上平线量下，定数2.3cm。

④ 领口宽线，0.8 B /10＝8.5cm。

⑤ 肩斜线，由肩颈点量出，按前肩斜线长△＋0.7计算，与落肩线相交，中间凹进0.3cm。

⑥ 后背宽，B/6＋2.5＝20.2cm。

⑦ 后胸围大，在胸围线上，由背中线进0.5cm，与后背宽在同一条直线。

⑧ 背中弧线，按背中基础线，在胸围线处劈进0.5cm，腰节线处劈进2cm，底边线处劈进1.5cm，用弧线画顺。

⑨ 背衩位，由腰节线低下4cm，背衩宽4cm。

⑩ 领口弧线，由领口宽起至肩颈点，用弧线画顺。

⑪ 袖窿弧线，由肩端点起经背宽点连至前衣片胸围线提高处，用弧线画顺。

⑫ 侧缝线，由胸围线提高4.5cm处，经后胸围大，腰节线处凹进2cm，底边线处进0.5cm，用弧线画顺。

⑬ 肋省，上端取袖窿宽的2/5，省大1cm，下端由大袋口后端进2.5cm，腰节处省大1.3cm，按省下端作直线与止口线平行画至底边线，称通天省。

⑭ 袋省，袋口后端距肋省1cm，袋口低下0.5cm，画顺。

⑮ 圆下摆，由腰节线起至底边止口线进4cm，凹进2cm，用弧线画顺。底边连至肋省分割线处低下0.5cm，等于袋口横省量。

（3）袖片，见图10-15。

① 前袖缝基础线，与布边平行。

② 袖口线，与基础线垂直。

③ 上平线，取袖长58.5cm。

④ 袖肥大，取 B/5 －0.3＝20.9cm。

⑤ 袖斜线，斜量AH/2＋0.3＝26.3cm。

⑥ 袖山深线，由袖斜线与基础线的交点，作一直线，与基础线垂直。

⑦ 将前袖山深四等分。

⑧ 将后袖山深三等分，取1/3位置为后袖山线位置。

⑨ 大袖片前袖缝基础线，距基础线3cm为前偏袖量，在外侧作一条直线与基础线平行。

⑩ 小袖片前袖缝基础线，距基础线3cm为前偏袖量，在内侧作一条直线与基础线平行。

⑪ 袖肘线，袖山深的3/4点至袖口线的中点移上1cm，作一条直线，与基础

线垂直。

　　⑫ 袖中线，在上平线上，将袖肥四等分，过中点作一垂直线。

　　⑬ 袖口大，在袖口线处，前端提高1cm，后端降低1cm，量出袖口大B/10 + 4 = 14.6cm（或袖口/2）。

　　⑭ 袖山弧线，如图10-15所示，先作辅助线，由袖山线的定位点，用弧线画顺。

　　⑮ 袖衩，在袖口大处，按大袖片后袖缝弧线，衩长10cm，宽2cm.。

5.　西服放缝图

　　（1）面料的放缝，见图10-16，图中细线表示面料的净缝，粗线表示面料的毛缝。

　　（2）里料的放缝，见图10-17，图中细线表示面料的毛缝，粗线表示夹里的毛缝。

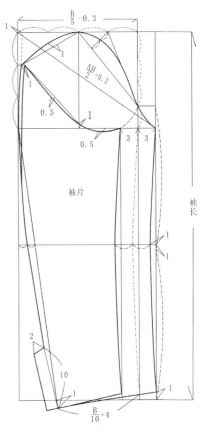

▲ 图10-15　袖片结构制图

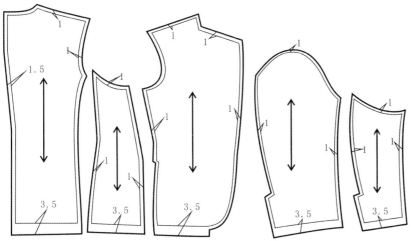

▲ 图10-16　男西服面料放缝图

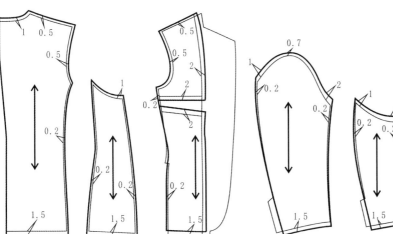

▲ 图10-17　男西服里料放缝图

6. 男西服排料

如图10-18所示，按男西服制图规格，算料公式见前面内容。

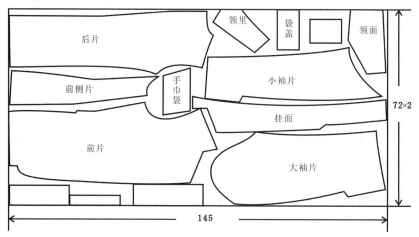

▲ 图10-18   男西服排料图

【练一练】

按1∶1比例绘制男西服的结构图。

五、中山装结构制图

中山服是由孙中山先生的私人裁缝按孙先生的要求，结合我国紧领宽腰的服装特点，参照西服落落大方的整体造型框架，多次修整，设计成的一套供孙中山担任临时大总统穿用的服装。因为是替孙中山先生特制的，故名"中山服"。整件服装的造型均衡、整齐、庄严、朴实，已成为我国有代表性的男装之一，也被外国人称为是中国的"国服"。

近年来，中山服在我国特定的季节和特有的城市又开始流行起来，但如今的中山服接纳了西方服装裁剪的洒脱、开放风格，在色调、扣子数量、口袋式样、下摆形状等方面都有相应变化。改进后的中山服，不仅秉承了原有的成熟、稳重，更显示出兼容并蓄、落落大方的美感。这一潮流，符合服装的发展和流行趋势。

1. 款式特点及外形图

领型为立翻领。前中开襟、单排扣，钉纽5粒，前片四贴袋，装袋盖，收胸腰省、腋下省，后片平后背。袖型为两片式圆装袖，袖口开衩钉纽3粒。领口、袋盖、胸袋、门里襟止口缉明线，见图10-19。适用面料：全毛、毛涤、呢绒类等。

2. 测量要点

（1）胸围放松量，中山服因穿着层次一般多于西服，故胸围放松量大于西服，多控制在16~22厘米。

（2）袖长测量，中山服的袖长，应以能遮盖衬衫袖长为宜，在手腕至虎口之间。

3. 制图规格

单位/cm

号型	部位	衣长	胸围	领围	肩宽	袖长	前腰节长
170/88A	规格	75	108	41	45	60	42.5

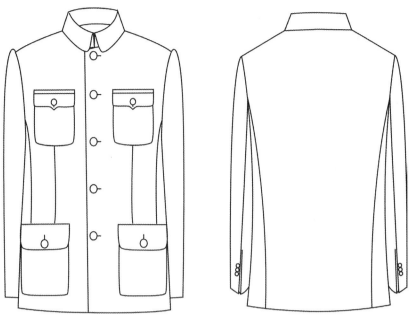

▲ 图10-19 中山装款式图

4. 制图要点

（1）前后衣片结构制图，见图10-20。

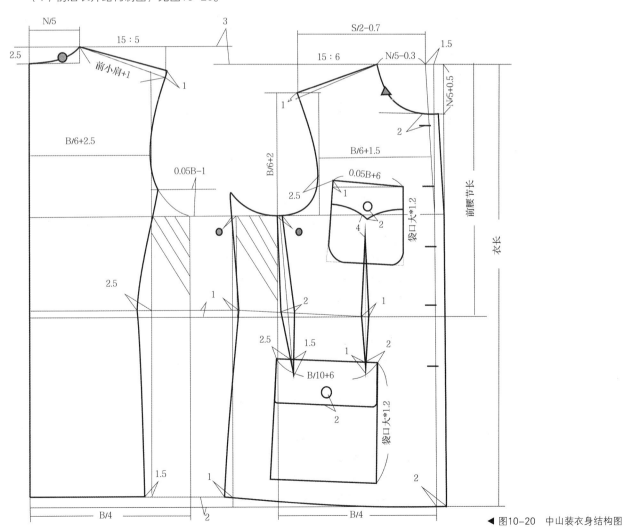

▲ 图10-20 中山装衣身结构图

（2）袖子结构图，见图10-21。

（3）领片结构制图，见图10-22。

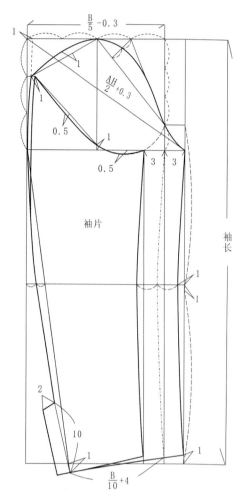

▲ 图10-21 中山装袖片结构图

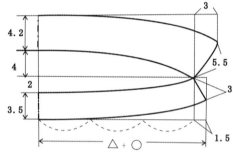

▲ 图10-22 中山装领子结构图

5. 制图要领与说明

上装袋口后袋角略抬高的原因，由于人体胸部曲线的挺起，使上装位于胸部竖直方向处的部分被略带起，从而使上装面料的纬向线在视觉上出现前高后低的状态，还有面料的悬垂性或多或少的影响着袋口，因此必须在制图时将袋口线后袋角处略抬高0.8~1.5cm（男衬衫除外）。并且，要使视觉得到平衡，袋底应比袋口大（2cm左右）。

【小知识】

中山服的款式特征：立翻领，对襟，前襟五粒扣，四个贴袋，袖口三粒扣，后片不破缝。

这些特征其实是有讲究的，是根据《易经》周代礼仪等内容寓以意义。

其一，前身四个口袋表示国之四维（礼、义、廉、耻）。

其二，门襟五粒纽扣是区别于西方的三权分立的五权分立（行政、立法、司法、考试、监察）。

其三，袖口三粒纽扣表示三民主义（民族、民权、民生）。

其四，后背不破缝，表示国家和平统一之大义。

按1：1比例绘制中山服结构图。

六、时装连衣裙

1. 款式特点及外形图

连衣裙的前后片采用公主线分割，前片从袖窿起，经BP点附近、腰部、直至裙摆作弧线分割；后片从袖窿起，经肩胛骨附近、腰部、直到裙摆。后背中缝分割，在分割线中收省处理胸腰差及臀腰差，外形上起到了突出胸部、收紧腰部和扩大裙摆的作用。门襟有搭门，领口开的较深。袖子为短袖，袖山较高，见图10-23。

2. 制图规格

单位：cm

号型	部位	衣裙长	胸围	腰围	臀围	肩宽	领围	前腰节长	袖长	前AH	后AH
160/84A	规格	100	92	72	96	39	38	39	22	22	24

3. 制图要点

（1）前衣片，见图10-24。

① 止口线，与布边平行。

② 底边线，与止口线垂直。

③ 上平线，底边线上量衣裙长100cm。

④ 落肩线，上平线下量B/20＝4.6cm。

⑤ 胸围线，落肩线下量B/10＋9＝18.2cm。

⑥ 腰节线，上平线下量前腰节长39cm。

⑦ 臀围线，腰节线下量18cm。

⑧ 领口深线，上平线下量定数7.5cm，或根据款式而定。

⑨ 搭门线，止口线左量搭门宽2cm。

⑩ 领口宽线，搭门线左量N/5－0.5＝6.9cm。

⑪ 前肩宽，搭门线左量S/2＝19.5cm，与肩颈点相连为肩斜线。

⑫ 前胸宽，搭门线左量1.5B/10＋3＝16.8cm，在袖窿深的2/3处量出。

⑬ 前胸围大，搭门线左量B/4＋1＝24cm。

⑭ 前腰围大，搭门线左量W/4＋1＋2.5（省量）＝21.5cm，作一直线与胸围线垂直。

⑮ 前臀围大，搭门线左量H/4＋1＝25cm。

⑯ 领口弧线，肩颈点与前中心点相连，凹势1cm，用弧线画顺。

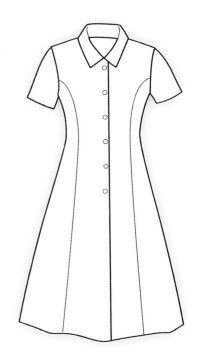

▲ 图10-23　连衣裙款式图

⑰ 摆缝线，前胸围大点下落1.5cm，经前腰围大点与前臀围大点，及下摆放出3.5cm起翘1cm，用弧线画顺。

⑱ 公主线，前胸宽中点偏袖窿1cm，作一直线与止口线平行，腰省大2.5cm，上省尖相交后分别连至袖窿深2/3处，袖窿省大1.5cm；下省尖至臀围线，底摆处重叠各3cm。用弧线圆顺。两摆线等长，底角为直角。

⑲ 袖窿弧线，由肩端点经袖窿省至前胸围大下落处，用弧线画顺。

⑳ 扣眼位，在搭门线上，第一扣眼位距领口深2cm，末眼在腰节线下落8cm。五只扣眼四等分。

（2）后衣片，见图10-24。上平线、胸围线、腰节线、臀围线、底边线按前衣片延长。

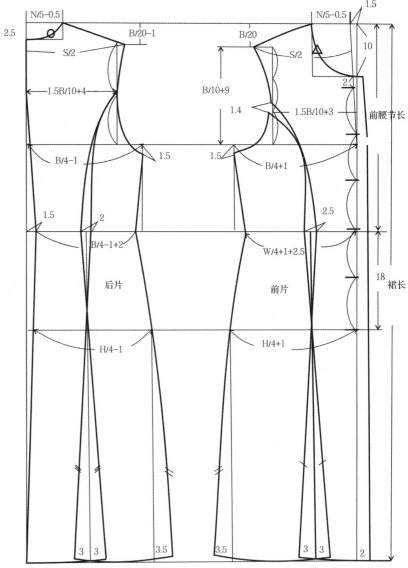

▲ 图10-24　连衣裙前后片结构图

①　背中基础线，与底边线垂直。

②　落肩线，由上平线量下，B/20 – 1 = 3.6cm。

③　领口深线，定数2.5cm，由上平线量下。

④　领口宽线，背中线右量N/5–0.5 = 6.9cm。

⑤　后肩斜线，背中线右量S/2 = 19.5cm由肩颈点量出，与落肩线相交。

⑥　后背宽，背中线右量，1.5 B /10+4 = 17.8cm，在袖窿深的1/2处量起。

⑦　后胸围大，背中线右量B/4–1 = 22cm。

⑧　后腰围大，背中线进1.5cm右量　W/4–1+2（省）= 19cm。

⑨　后臀围大，背中线进1cm右量H/4–1cm，作一直线与底边线垂直。

⑩　背中弧线，按背中基础线，在胸围处劈进0.5cm，腰节线处劈进1.5cm，至底边线，用弧线画顺。

⑪　领口弧线，由领口宽的1/3起至肩颈点，用弧线画顺。

⑫　摆缝线，后胸围大点经腰围大点与前臀围大点，及下摆放出3.5cm起翘1.5cm，用弧线画顺。

⑬　公主线，过后胸围大中点作一直线与止口线平行，腰省大2cm，上省尖相交后分别连至袖窿深1/2处，袖窿省大1cm；下省尖至臀围线，底摆处重叠各

3cm。用弧线圆顺。两摆线等长，底角为直角。

⑭ 袖窿弧线，由肩端点经袖窿省至前胸围大下落处，用弧线画顺。

（3）袖片结构制图，见图10-25。

① 袖中线，与布边平行。

② 上平线，与袖中线垂直。

③ 袖口缝线，上平线向下量袖长 = 22cm，与袖中线垂直。

④ 袖山深（袖肥线），上平线向下量 B/10 + 4 = 13.6cm，与袖中线垂直。

⑤ 前袖斜线，由袖山中点量出前AH = 22cm与袖肥线相交，作一直线袖中线平行。

⑥ 后袖斜线，由袖山中点量出后AH + 0.5 = 24.5cm与袖肥线相交，作一直线与袖中线平行。

⑦ 袖山弧线，根据前后袖斜线均二等分，由后至前各等分胖势为：内凹1cm，外凸1.5cm；外凸1.3cm，内凹1.5cm，用弧线画顺。

⑧ 前袖缝线，前袖口线端点进3cm下落2cm，与前袖肥大点相连。

⑨ 后袖缝线，后袖口线端点进3cm下落2.5cm，与后袖肥大点相连。

⑩ 袖口缝弧线，前后袖口线端点下落，用弧线画顺。

（4）领子结构制图，见图10-26。

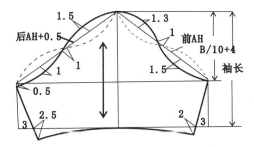

▲ 图10-25　袖片结构制图

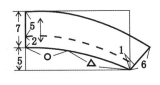

▲ 图10-26　领子结构制图

4. 制图要点与说明

（1）胸围、腰围、臀围的放松量与前一款式相同，前后片分割线根据款式要求，也可以从肩部开始，经过前片BP点及后片的肩胛骨、通过腰部、臀部至裙摆。

（2）领围的大小制图时作参考，领子的大小应按前后领口的实际弧长裁配。

（3）前后片分割线应等长，裙摆放出后应与底边相互垂直。

七、女大衣结构制图

　　女大衣的款式变化繁多，一般随流行趋势而不断变换式样，无固定模式，如有的采用多块衣片组合成衣身，有的下摆呈波浪形，有的还配以腰带等附件。总之，上衣中的各类款式均可用于大衣，它与上衣的区别主要在于它的长度。长大衣位置在膝下；中大衣位置在膝上10cm左右；短大衣位置则在齐中指左右。

1. 女大衣款式特点与外形图

　　领型为方型翻驳领。前中开襟，单排扣，钉纽5粒，前片腰节线下左右各设一圆角袋盖的圆底贴袋，前片腰节处左右各设一腰裥。后中设背缝。袖型为两片式圆装袖图，见图10-27。

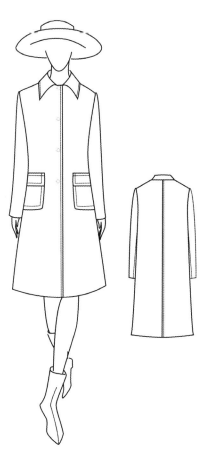

▲ 图10-27　女大衣款式图

2. 测量要点

胸围放松量，冬季穿着，加放松量一般为18~25cm（内可穿两件羊毛衫），具体可根据穿着层次加放松量。

3. 制图规格

单位：cm

号型	部位	衣长	胸围	领围	肩宽	袖长	前腰节长	胸高位
160/84A	规格	102	106	40	42	58	40	25

4. 制图要点，见图10-28

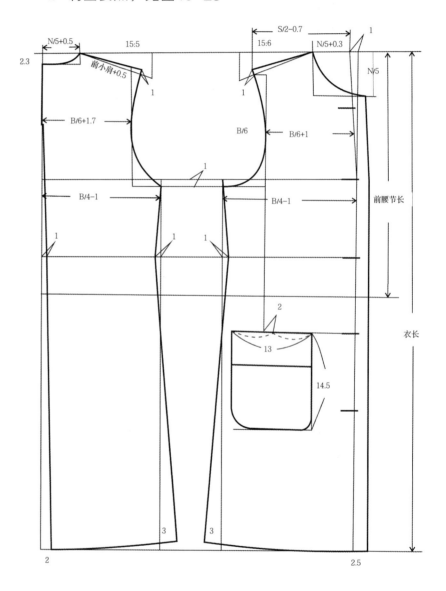

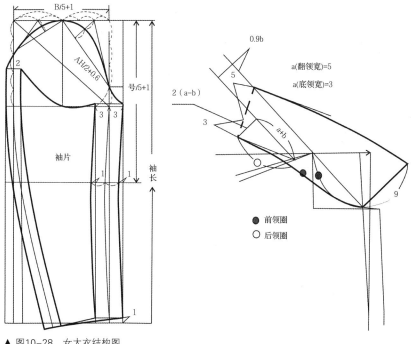

▲ 图10-28　女大衣结构图

5. 制图要领与说明

方型领圈中，将竖直方向的领圈线处理为弧形的理由。

在后领圈基本稳定的前提下，将前领圈竖直方向的领圈线处理成略带弧形的形状，以使前后领圈能圆顺地相接。

【小知识】

大衣是冬季最实用的衣服，无论是可爱路线的女孩，还是淑女风范，有大衣相伴的女子冬季注定多姿。大衣中的经典色无疑是黑色与白色。黑色神秘而性感，白色显得高贵典雅。单排扣双排扣大衣都是经典之作。一款显档次而又实用的大衣为你装点靓丽冬日，也是不少职业女性的首选。

【练一练】

按1：1比例画出女大衣结构图，款式改为开公主线，尺寸自定。

女时装纸样图解

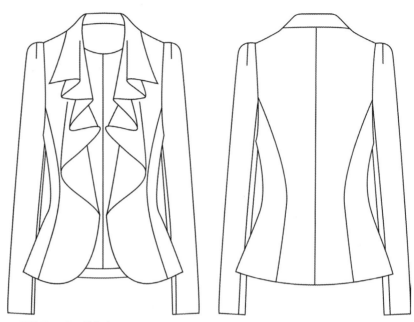

▲ 附录图1　女西装款式图1

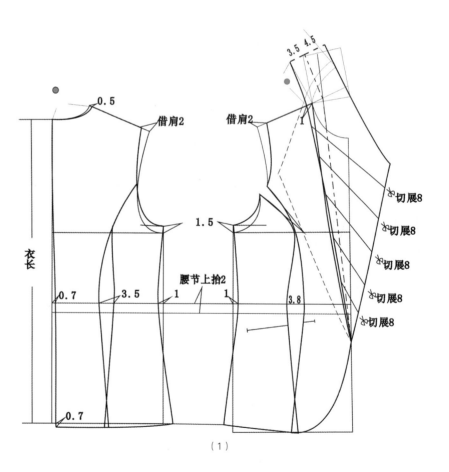

（1）

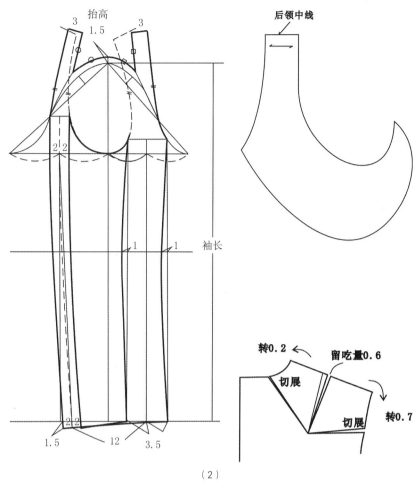

（2）

▲ 附录图2　女西装结构图1

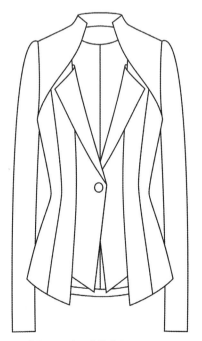

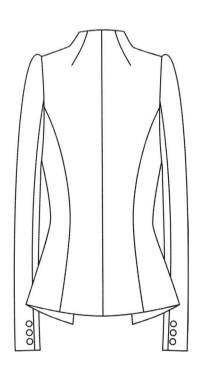

▲ 附录图3　女西装款式图2

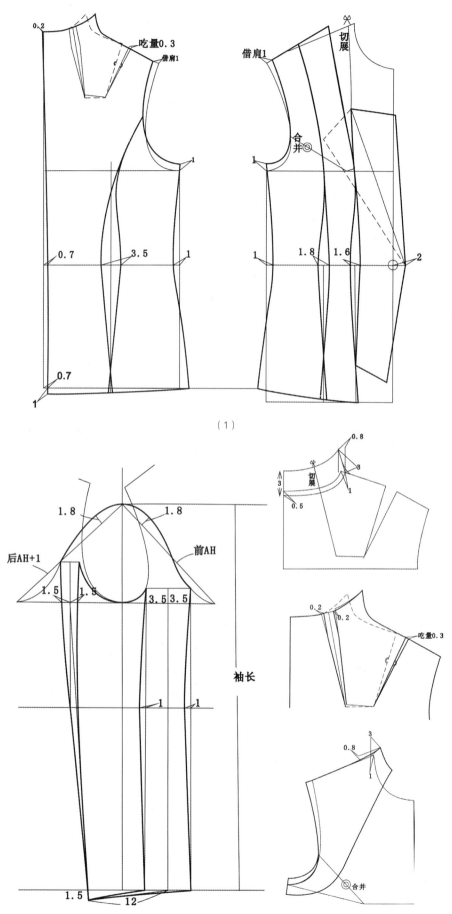

（1）

（2）

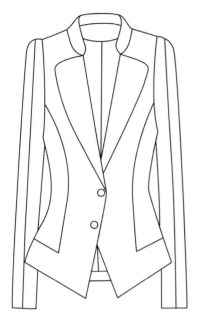
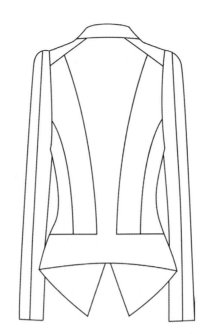

▲ 附录图5　女西装款式图3

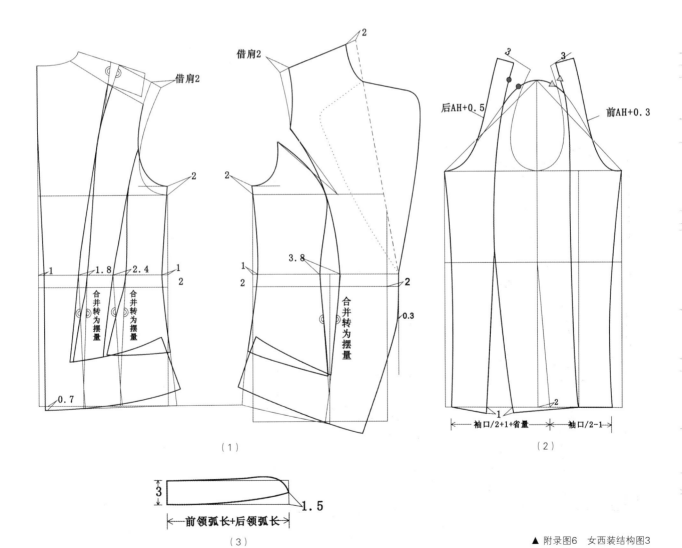

（1）

（2）

（3）

▲ 附录图6　女西装结构图3

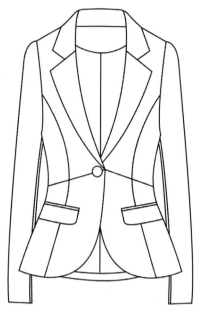
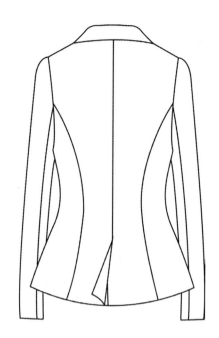

▲ 附录图7　女西装款式图4

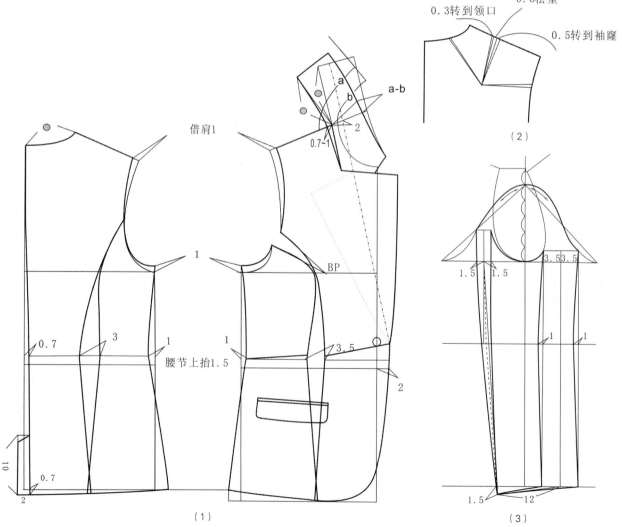

（1）

（2）

（3）

▲ 附录图8　女西装结构图4

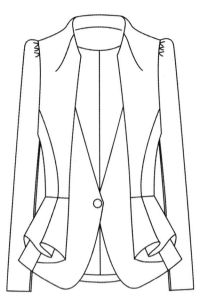
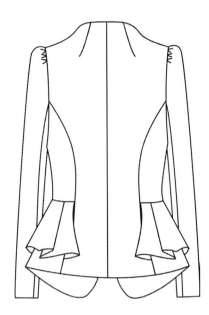

▲ 附录图9 女西装款式图5

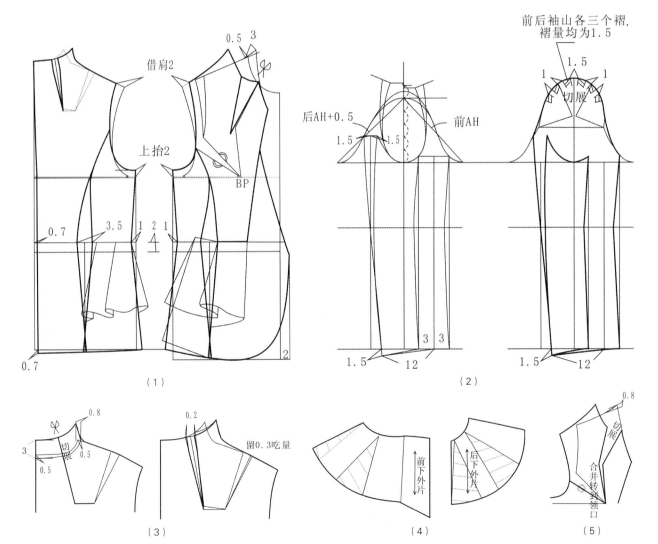

▲ 附录图10 女西装结构图5

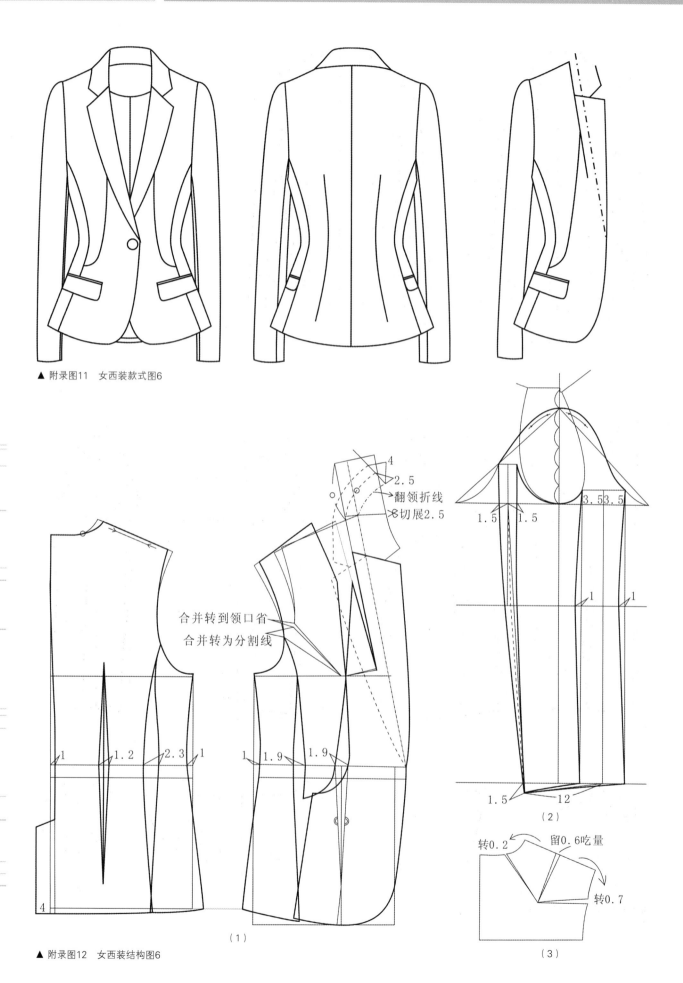

▲ 附录图11　女西装款式图6

合并转到领口省

合并转为分割线

翻领折线

切展2.5

转0.2　　留0.6吃量

转0.7

▲ 附录图12　女西装结构图6

（1）

（2）

（3）

▲ 附录图13　女上衣款式图

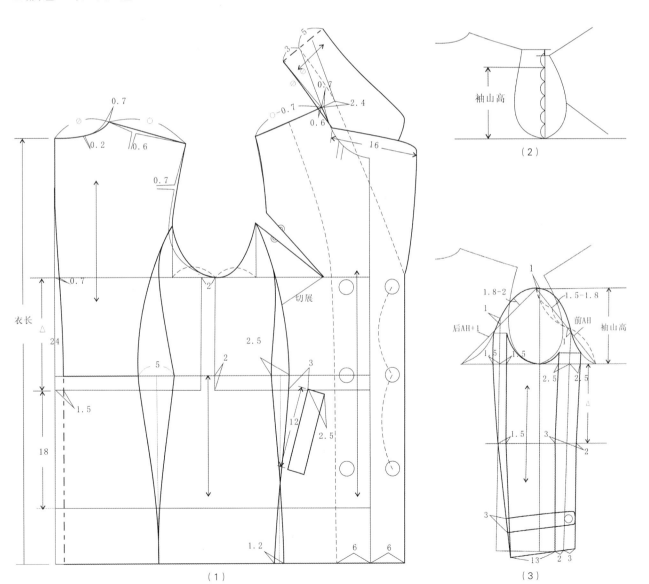

（1）

（2）

（3）

袖山高

切展

衣长

前AH

后AH+1

袖山高

▲ 附录图14　女上衣结构图

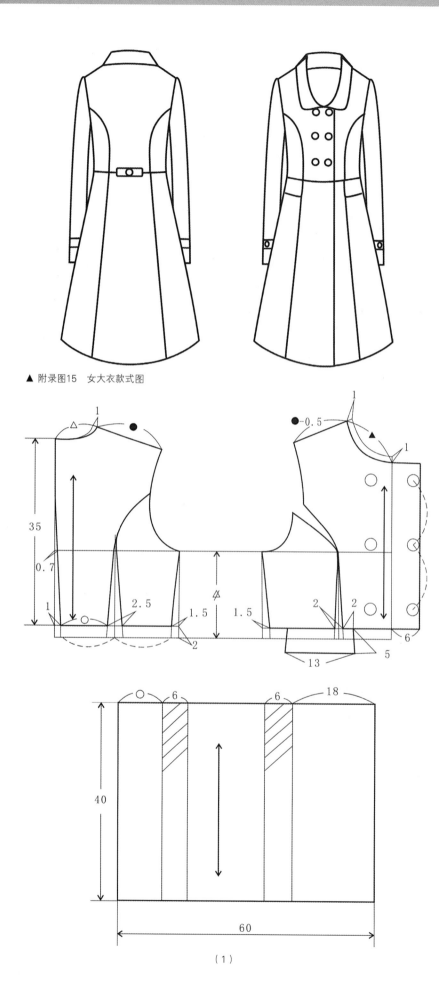

▲ 附录图15　女大衣款式图

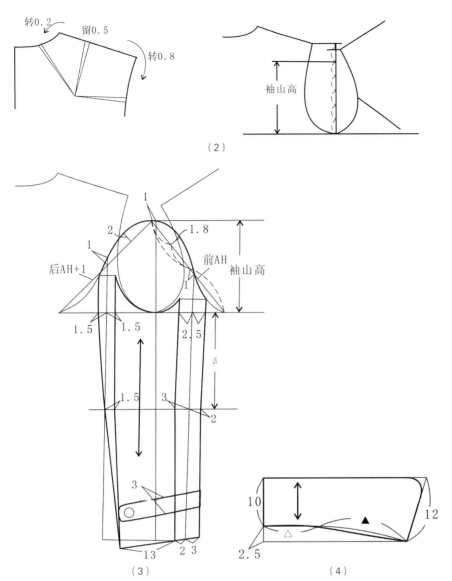

转0.2　留0.5　转0.8

袖山高

（2）

后AH+1　前AH　袖山高

1.5　1.5　2.5

1.5　3　2

3

13　2　3

（3）

10　12

2.5

（4）

▲ 附录图16　女大衣结构图

▲ 附录图17　女半袖上衣款式图

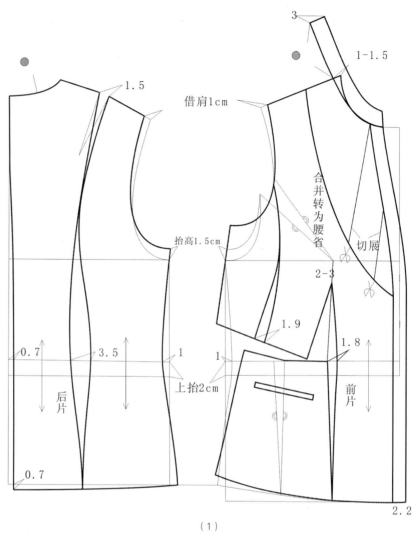

（1）

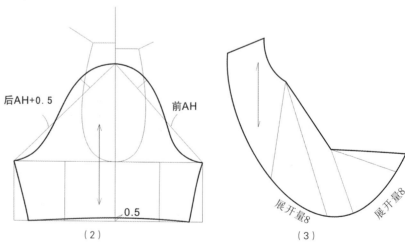

（2）   （3）

▲ 附录图18 女半袖上衣结构图

参考文献

1. 魏静. 服装结构设计. 北京：高等教育出版社，2002.
2. 三吉满智子. 服装造型学. 北京：中国纺织出版社，2008.
3. 李文东. 服装结构制图. 重庆：重庆大学出版社，2012.